北方民族大学生态学研究系列

荒漠草原沙化区灌丛堆生态学研究

刘秉儒　王子寅　王瑞霞 等　著

科学出版社
北　京

内 容 简 介

灌丛堆是干旱、半干旱及半湿润荒漠地区的一种地貌类型，是由风沙流遇到灌丛阻拦，灌丛截留其沙物质在灌丛及其周围堆积而成，其土壤理化和生物学性状与斑块之间的“堆间地”有着明显的差异。荒漠草原风沙区既有天然生长的灌丛，也有人工栽植的灌木演化成为灌丛，随着时间的推移，灌丛堆的生态效应对生态保护意义越发突显。本书分别通过对荒漠沙化区人工栽植的柠条灌丛堆、天然生长的白刺灌丛堆不同发育演替阶段地上植物群落结构变化的比较，揭示不同发育阶段土壤的理化性质、土壤细菌和真菌的群落组成及多样性的差异，探讨各种土壤因子、微生物因子对细菌和真菌群落组成、群落结构与植物群落多样性协同变化机制，为深入揭示荒漠草原风沙区柠条灌丛堆、白刺灌丛堆演化过程中地上与地下生态系统生物多样性形成机制与生态管理提供依据。

本书适合从事草业科学、生态学、土壤学、环境科学等学科的科技工作者和研究生阅读。

图书在版编目（CIP）数据

荒漠草原沙化区灌丛堆生态学研究 / 刘秉儒等著. -- 北京 : 科学出版社，2025. 6. -- ISBN 978-7-03-079949-4

Ⅰ. S812；S718.54

中国国家版本馆 CIP 数据核字第 2024RQ6943 号

责任编辑：罗 静 岳漫宇 / 责任校对：郑金红
责任印制：肖 兴 / 封面设计：刘新新

科学出版社 出版
北京东黄城根北街 16 号
邮政编码: 100717
http://www. sciencep. com
北京九州迅驰传媒文化有限公司印刷
科学出版社发行 各地新华书店经销
*
2025 年 6 月第 一 版 开本：720×1000 1/16
2025 年12月第二次印刷 印张：8 1/4
字数：164 000

定价：128.00 元

（如有印装质量问题，我社负责调换）

《荒漠草原沙化区灌丛堆生态学研究》
著者名单

主要著者　刘秉儒　北方民族大学/宁夏白芨滩森林生态系统定位观测研究站
　　　　　王子寅　宁夏白芨滩森林生态系统定位观测研究站
　　　　　王瑞霞　宁夏灵武白芨滩国家级自然保护区管理局/宁夏白芨滩森林生态系统定位观测研究站

其他著者　马若石　北方民族大学/宁夏白芨滩森林生态系统定位观测研究站
　　　　　孔洁茹　北方民族大学/宁夏白芨滩森林生态系统定位观测研究站
　　　　　潘笑笑　宁夏大学
　　　　　杨学龙　宁夏灵武白芨滩国家级自然保护区管理局/宁夏白芨滩森林生态系统定位观测研究站
　　　　　王　俊　宁夏灵武白芨滩国家级自然保护区管理局/宁夏白芨滩森林生态系统定位观测研究站

前　言

灌丛堆能够阻止土壤侵蚀和养分流失，影响植物的生产力、物种多样性和植物及土壤微生物的分布格局。深入研究灌丛堆在干旱、半干旱退化生态系统中的生态功能，深入理解生物在环境重建中的作用，找出合理的灌丛堆保育措施，是当前国内外灌丛堆生态学研究的新热点。

本书基于国家自然科学基金区域创新发展联合基金项目“封禁荒漠草原生物多样性与生态系统功能协变过程及其对全球气候变化的响应”（U22A20504）以及国家自然科学基金项目“柠条灌丛堆发育与土壤微生物互馈过程与机理”（31860158）研究成果，运用生态化学计量学、土壤微生物生态学等理论前沿，聚焦灌丛堆发育与土壤微生物互馈过程与机制，以不同发育阶段灌丛堆为研究对象并以周围丘间地为对照，系统研究不同发育阶段柠条林灌丛堆和白刺灌丛堆不同部位和深度的土壤理化性质、土壤微生物生物量和酶活性、微生物群落结构以及多样性变化过程及规律，揭示灌丛堆发育与土壤微生物的互馈机制，为深入了解风沙区灌丛堆演化过程以及荒漠生态系统管理提供理论依据。

该书共分九章，由北方民族大学/宁夏白芨滩森林生态系统定位观测研究站刘秉儒教授负责研究内容设计和统稿工作，王子寅牵头负责柠条灌丛堆生态学研究工作，马若石、孔洁茹参与，王瑞霞牵头负责白刺灌丛堆的生态学研究工作，潘笑笑、杨学龙、王俊参与。在成书过程中，科学出版社罗静、岳漫宇女士在图书编辑和制图方面给予大力支持，在此深表谢意，同时也感谢宁夏科技创新领军人才（2021GKLRLX12）资金资助，使该书得以顺利出版。由于水平有限，研究深度还不够，书中难免存在疏漏，请读者批评指正。

著　者

2024 年 12 月于银川

目 录

第1章 灌丛堆研究概述

1.1 引 言

《联合国防治荒漠化公约》（United Nations Convention to Combat Desertification，UNCCD）将荒漠化定义为包括气候变异和人类活动在内的种种因素造成的干旱、半干旱和亚湿润干旱地区的土地退化（Lodh，2021）。目前，全世界处于干旱、半干旱以及半湿润荒漠地区的面积约为5.96×10^7 km^2，约占全球陆地面积的40%，影响超过110个国家和地区的约20亿人口，占全球总人数的25.64%（Huang et al.，2016）。根据第六次全国荒漠化与沙化调查工作结果报告，截至2019年，我国荒漠化和沙化土地面积分别为2.57×10^6 km^2和1.69×10^6 km^2，共计占我国陆地总面积的 47.35%（昝国盛等，2023）。荒漠化已经成为我国乃至世界性的生态环境问题，其引起的土地退化、植被覆盖度降低，以及极端天气气候事件频发等问题，影响着人类生存和生态环境的持续发展，是造成人类社会压力的主要原因之一（D'Odorico et al.，2013）。

灌丛堆（nebkhas）又被称为沃岛（fertile island）或资源岛（resource island），是风沙受到植被的抑制或阻碍，在植被及其周围逐渐堆积，从而形成的一种风化地貌类型，其广泛分布于沙丘边缘地、戈壁、草原、滨海滩涂地等干旱、半干旱以及半湿润荒漠地区（Quets et al.，2013）。当形成灌丛堆后，其土壤理化性质、形态特征和粒度、磨圆度等沉积学特征与堆间地之间存在有着明显的差异（Carrera et al.，2003）。灌丛堆通过稳定土壤表面，能够有效阻止土壤侵蚀和养分流失，影响植物的生产力、物种多样性和植物及土壤微生物的分布格局，防止土地退化（El-Bana et al.，2002）。El-Bana等（2003）发现荒漠草原生态系统稳定性的提高可能高度依赖于灌丛堆的形成及其对生物多样性的保护和对植被恢复的促进。因此，在研究荒漠生态系统时，灌丛堆的发育过程往往是一个重要的生态学观测指标（El-Bana et al.，2002）。灌丛堆不仅能够对土壤、植被等产生一定作用，同时也能够影响土壤的形成过程、土壤微生物（真菌、细菌及古菌等）的群落结构和功能（Quets et al.，2017）。土壤微生物是生物地球化学循环的关键驱动者，能够为灌丛堆的发育提供养分（碳氮磷钾等元素），对灌丛堆凋落物的分解、营养元素循环和区域生态系统的稳定性有着重要贡献，承担着促进灌丛堆发育的重要任务（Preem et al.，2012；Song et al.，2022；Xie and Steinberger，2001；Zheng et al.，

2023）。近年来，国内外学者对不同灌木物种在“沃岛效应”的生物化形成过程中土壤微生物生态功能的认识逐步深入（Martirosyan and Steinberger，2014；Martirosyan et al.，2016；Yu and Steinberger，2012；陈鸿洋等，2015；丁爱强等，2019；张玮等，2014）。因此，研究灌丛堆发育与土壤微生物之间的相互作用及其对生态系统稳定性的贡献，有助于进一步了解灌丛堆微生物在灌丛堆土壤养分间的循环关系中所起的作用，对深入认识灌丛堆发育过程中地下生态系统的结构和功能变化具有重要意义。

1.2 灌丛堆研究现状

随着全球气候变化的影响，对于荒漠化的研究也越来越深入。灌丛堆作为干旱、半干旱荒漠地区常见的风化地貌类型，对于丰富土地荒漠化监测与评估研究，以及维持生态脆弱区生态系统的稳定和可持续性发展具有重要意义（Luo et al.，2020）。常见的能够形成灌丛堆的植被种类有锦鸡儿属（包括柠条锦鸡儿、小叶锦鸡儿、狭叶锦鸡儿和藏锦鸡儿等）灌丛堆、红砂灌丛堆、白刺灌丛堆、猫头刺灌丛堆、柽柳灌丛堆和驼绒藜灌丛堆等（武胜利等，2006）。自 20 世纪 70 年代开始，灌丛堆研究就一直是国内外研究人员关注的焦点（Willis and Ranwell，1974）。随后，众多国内外学者在全世界干旱、半干旱及半湿润地区开展了大量关于灌丛堆的研究。国外主要集中于非洲西北部（García-Romero et al.，2021；Hernández-Cordero et al.，2017，2015；Tengberg and Chen，1998）、中东地区（Khalaf and Al-Awadhi，2012；Khalaf et al.，1995）、冰岛（Mountney and Russell，2009）等地区，较为系统地研究了灌丛堆的形成机制、沉积学和形态学特征等方面的内容。国内学者则大多集中于我国西北干旱、半干旱地区，包括新疆和田流域、阿拉善地区、甘肃民勤等地区，主要关注于灌丛堆的发育过程、土壤理化特征、防风固沙功能、空间格局以及区域微尺度生态系统等方面的研究（高斯远等，2022；李志忠等，2007；刘进辉等，2015；彭飞等，2012；王升堂等，2007；武胜利等，2008；殷婕等，2022；张萍等，2017；支莹等，2021）。

柠条锦鸡儿（*Caragana korshinskii*）是豆科（Leguminosae）锦鸡儿属（*Caragana*）的落叶灌木，广泛分布在我国西北干旱、半干旱农牧交错带的荒漠草原地区（王子寅等，2022）。柠条能抵抗极强的干旱和寒冷条件，忍耐贫瘠的环境，同时能够保持土壤水分和土壤固碳、稳定土壤聚集体，具有维持区域生态环境的重要作用，且在防风固沙方面有着显著的生态效应（Luo et al.，2016）。灌丛化已成为我国乃至全世界干旱、半干旱地区常见的现象，对土壤养分及其化学特性有重大影响，因为灌丛化可以减少土壤侵蚀、调节土壤状况、改变土壤营养元素的分配和增加养分吸收，从而造成土壤资源的斑块化，最终形成"沃岛效应"（王子寅等，2022）。柠条锦鸡儿在生长发育过程中会不断拦截风沙，从而形成柠条灌丛堆，柠条灌丛堆的"沃岛效应"能改善柠条的区域气候条件和土壤理化性质，同时还能为土壤中的真菌、细菌等微生物提供较好的生长环境。

白刺（*Nitraria tangutorum*）是白刺科（Nitrariaceae）白刺属（*Nitraria*）的灌木超旱生植物，除耐风沙、抗盐碱等特点外，还具有超强的环境适应性，在沙漠边缘、丘间低地，以及在轻度盐渍化地段皆可良好存活（樊瑞霞，2016）。由于白刺易分枝、耐沙埋、耐盐碱、枝条沙埋后易着生不定根等诸多特性，荒漠草原区便常形成许多大小不等的白刺灌丛堆。

近年来，对柠条灌丛堆的研究越来越深入。刘剑荣等（2021）对不同管理模式下柠条灌丛堆土壤水分进行了动态监测；陈芸芸（2006）对恢复过程中人工柠条灌丛堆植被群落的动态变化特征进行了研究；杨越等（2020）对柠条沙地的防风蚀效果进行了研究。此外，还有对柠条土壤温湿度（孙亚荣等，2022）、生物炭结构与性能（吴晓东等，2021）以及土壤动物（王楠等，2022）等的研究。此外对白刺灌丛堆的研究也在逐步加深，张义凡等（2017）对白刺灌丛堆土壤水分的空间特征进行了研究，樊瑞霞（2016）研究了白刺灌丛堆土壤—植被空间变化特征；安晶等（2015）对灌丛堆对气流的结构与风蚀的影响进行了研究；另外，还有一些关注于灌丛堆内的微气候特征，风速、温度及湿度等指标的研究（刘哲等，2016），如马士龙等（2006）研究了单一白刺灌丛堆周围风速流场。

随着高通量测序技术的不断发展，对土壤微生物多样性的研究也日益增加，关于土壤微生物的研究大多关注于真菌、细菌、古菌及一些特异性的功能群。微生物多样性和土壤功能之间的联系能够帮助了解群落结构和功能之间的关系（Nannipieri et al., 2017）。对于柠条灌丛堆在不同发育过程中的土壤理化性质变化、土壤微生物群落多样性、土壤酶活性等特征尚不明确。本书旨在深入研究柠条和白刺灌丛堆在不同发育阶段的土壤理化性质、酶活性及土壤真菌和细菌群落结构的组成和多样性，以期进一步完善灌丛堆生态学的研究。

1.3　生态化学计量学

生态化学计量学重点探讨碳氮磷等元素在（森林、陆地等）生态系统中的动态平衡问题，是研究多种化学元素含量及其比值，深入了解生态系统过程的有力工具。例如，植物叶片碳氮磷化学计量比通过对植物生长、食草动物模式、微生物相互作用和群落动态以及营养循环的影响来调控生态系统过程（Li et al., 2019）。此外，生态化学计量对氮沉降、火灾、降水、二氧化碳升高、土地利用变化和这些因素之间的相互作用十分敏感（Bian et al., 2021）。近十年，关于生态化学计量学的研究成倍增长，包括水、土壤和生物的元素组成与基本生态特征之间的关系，如营养循环、物种群落的组成和多样性、物种的空间分布、与全球变化驱动因素的权衡和协同作用、氮固定和生态系统生产的能力（Borer et al.，2015；Delgado-Baquerizo et al.，2018；Guenther et al.，2015；Jiroušek et al.，2011；Moody and Wilkinson，2019；Sardans et al.，2021；Tao et al.，2016；They et al.，2017）。

一般来说，碳氮磷在生物体内是以相对比较稳定的比例存在的，但土地利用的变化（如植被覆盖、植物类型和群落组成等）以及相关管理措施会对土壤中的碳氮磷等元素产生很大的影响（Zhao et al.，2018）。生态系统中碳氮磷等元素的循环是近 20 年全球研究人员一直关注的前沿问题，已经广泛应用在微生物（真菌、细菌及放线菌等）营养、生物共生关系、生态系统演替等领域，尤其在植物研究如植物个体生长、群落结构与动态以及植被稳定性等方面取得了显著成就。然而，仅仅对陆地生态系统中土壤营养元素含量变化特征的研究，不可能阐明土壤质量的变化（卓志清等，2019），所以对土壤营养元素之间比例关系的系统研究是非常必要的（刘明健等，2021）。人工林普遍存在结构不合理、功能低下、恢复年限长等问题，其质量和服务功能亟需提高，而植物、土壤和微生物中的碳氮磷的动态平衡对于维持区域环境的持续稳定发展具有显著的重要性。因此，通过研究土壤养分的生态化学计量比，评估土壤养分的平衡，能够揭示土壤养分之间的互作关系，有助于进一步理解生态系统的过程和功能，阐明养分的可利用性，是揭示脆弱生境中人工林生态系统养分循环特征和可持续发展的主要依据，对于认识土壤养分元素的循环和平衡机制，以及土壤养分元素对陆地生态系统和植物群落组成等方面具有重要意义（An et al.，2019）。

在此背景下，生态化学计量学为深入研究土壤元素的生态化学计量的空间分布特征及关键影响因子提供了起点，并为我国典型生态脆弱区域土壤元素化学计量对环境变化的响应提供新思路。荒漠化是我国西北干旱、半干旱地区草原退化的主要形式，对当地的经济和生态环境造成巨大的损失，并且由于草原的荒漠化不断加深，导致地上植被覆盖度和生物量（植物、动物及微生物）下降、土壤潜在生产力降低和土壤的物理、化学及生物特性受损等诸多问题发生（Rao et al.，2014）。草原生态系统的平衡发展是维持草原生态环境可持续发展的重要保障，也是人类活动最为深入和活跃的地区之一，因此，掌握草原生态系统内部营养元素的变化和微生物群落结构的组成，在研究陆地生态系统如何应对全球气候的变化等方面起着至关重要的作用（Gianfreda，2015）。

1.4 土壤酶活性研究现状

土壤酶活性是土壤群落对代谢需求和有效养分的直接表达，土壤酶是土壤微生物生态学中的重要指标之一，一般被认为主要来源于微生物，也可能来源于动植物残骸（梅嘉仪等，2021）。土壤酶在生态系统的物质和元素循环中起着重要作用，包括腐殖质的合成和分解、矿物质的释放与供给植物、固氮、硝化和反硝化作用等过程（Nwe et al.，2023）。荒漠草原生态系统中的生物因素（人类或其他动物活动干扰，根际分泌物种类、成分等变化，植被种类等）和非生物因素（气候变化包括温度升高和 CO_2 等温室气体排放加剧，降水量、土壤理化特征时空变化等）都会对土壤酶活性造成直接或间接的影响（Rúa et al.，2015）。

土壤酶作为土壤质量指标，可指示土壤肥力质量及土壤健康质量的观点已被广泛接受。土壤酶活性的高低能够表征土壤中微生物活性的高低，同时也能够显示土壤养分转化及其运移能力的强弱，是土壤综合肥力特征的有效反映，而且重要的是它对环境等外界因素引起的变化很敏感（徐雁等，2010）。但酶分子组成不同、结构不同，催化的反应也不同，这受众多环境因素的影响。土壤酶活性的影响因素非常复杂，土壤中微生物种类、水气热状况、酸碱度、结构组成、养分丰缺、污染程度及培肥方式等都显著地影响着土壤酶活性（王理德等，2016）。

为更好地区分和深入了解各种不同的已知酶，国际酶学委员会（Enzyme Commission，EC）于 1961 年依据酶催化的化学反应类型，提出将酶分为六类：氧化还原类酶、水解类酶、转移类酶、裂合类酶、连接类酶以及异构类酶（Yang et al.，2018）。最常测定的酶主要有蔗糖酶、磷酸酶、脲酶、蛋白酶、β-葡萄糖苷酶、过氧化物酶和多酚氧化酶等，这些酶主要与能量的释放或获得、土壤腐殖质成分的合成、土壤形成过程以及土壤碳氮磷等物质循环等过程密切相关。

不同国家不同地区的土壤酶活性均不相同，所包含的土壤酶的种类也大不相同。曹瑞等（2022）在四川丘陵地带对马尾松人工林调查研究，发现其土壤酶活性随季节变化十分显著，表现为雨季高于旱季，且土壤有机层酶活性变化显著高于矿质土壤层。韩翠等（2022）对宁夏荒漠草原凋落物分解过程中的土壤酶活性进行研究，发现分解过程中过氧化氢酶活性上升，蔗糖酶和脲酶没有明显变化，降水量的增加有助于提高土壤酶活性。严雨洁等（2020）对云南干旱河谷工程扰动地区不同修复类型边坡土壤酶活性进行研究，发现人为干扰直接影响土壤酶活性，且不同修复类型的影响差异性十分显著。An 等（2020）研究发现随着植树造林的年限增加，土壤酶活性有所改善，表明造林年限增加不仅有助于先锋造林物种的生存，还能促进自然植被的演替。Mukhopadhyay 和 Joy（2010）对印度东部已经进行 30 年的造林地土壤酶活性的季节性变化进行研究，发现不同林型不同季节的土壤酶活性有明显差异，且淀粉酶和纤维素酶在雨季最高，转化酶则在雨季表现最低。

1.5 土壤微生物研究现状

1.5.1 土壤微生物多样性概述

在生物圈中，土壤微生物是最丰富的群体之一，它包含了至少 1/4 的全球生物多样性。根据估计，1 g 表层的土壤大约包含超过 10^9 个细菌和古菌细胞、数万亿个病毒，数万原生生物和 200 m 长的真菌菌丝（Sokol et al.，2022）。土壤微生物由于其丰富的多样性，成为生态系统中最活跃、最具决定性的组成之一，驱动着土壤生物地球化学循环，调节土壤碳氮等元素的周转率，为植被提供养分，进而耦合地上地下生态系统过程，最终影响着生态系统的功能（Mangan et al.，2010）。土壤微生物群落的丰富度（简称丰度）和多样性与生态系统的功能互相协调，在土壤环境中的组成依赖于土壤的物理化学性质以及对其产生影响的人为因素，包括生物因子和非生物因子（Mishra et al.，2023）。枯落物输入的质量和数量、植物群落以及土壤水分和养分等途径均可以改变生物和非生物因子，这些因子通过直接和间接机制调节土壤微生物群落结构和活动以及相关的微生物过程（Barnard et al.，2015；Preusser et al.，2017）。

1.5.2 非生物因子对土壤微生物的影响

1.5.2.1 土壤理化性质

大量研究表明，土壤理化性质的变化对土壤微生物的影响具有重要意义，例如土壤温度、pH、水分、氧化还原状态、有机碳含量以及时空异质性等都是土壤微生物群落的主要驱动因素（Banerjee and van der Heijden，2023）。Li 等（2022）对中国大兴安岭多年冻土区土壤细菌的垂直分布格局进行研究，发现铵态氮、土壤有机碳和总磷是影响细菌群落组成的主要影响因子。Li 等（2022）对青藏高原若尔盖高山不同退化梯度湿地土壤微生物进行研究，发现土壤含水量是影响微生物群落组成和网络的主要土壤理化性质。Sui 等（2021）通过高通量测序对中国东北的三江平原不同植被类型进行研究，结果发现土壤 pH 是影响土壤微生物的关键环境参数之一。土壤水分含量影响微生物群落，因为水分对维持微生物群落生存和帮助它们在土壤中运动，以及养分的溶解和气体的扩散十分重要（Zhang et al.，2016）。土壤类型和结构也影响土壤微生物群落组成，土壤结构疏松有利于细菌生长（Leewis et al.，2022）。含有黏土分子和大量微孔的土壤限制中型动物的生长，保护微生物不被捕食。土壤碳含量和碳氮比等对管理土壤微生物群落的多样性和结构起着关键作用（贺纪正和王军涛，2015）。因此，土壤微生物的群落结构和多样性受到土壤多种理化性质的影响。

1.5.2.2　地理因素

纬度和海拔作为常见地理因素，通常也被认为是影响微生物群落结构和分布的重要生态特征（Mukhtar et al.，2021）。Mukhtar 等（2021）证明在森林和农田中，纬度降低土壤真菌的多样性增高，而在休耕地中，纬度的增加或降低农田多样性均增高。而在一定程度上，海拔梯度是纬度梯度的另一种表现形式（Kamenišťák et al.，2020）。Feng 等（2022）通过探讨沿海拔梯度 3900～5100 m 的喜马拉雅山脉米拉山，发现海拔高度通过驱动环境因素从而影响固碳微生物的结构特征。Ren 等（2018）研究发现海拔梯度变化大能够引起微生物生物量、多样性和群落组成的变化，但主要对土壤细菌的多样性产生影响，对真菌多样性则影响不大。Fuentes 等（2022）对智利莫罗莫雷诺国家公园（Morro Moreno National Park, Antofagasta, Chile）不同海拔土壤进行研究发现，微生物的多样性随着海拔的升高大大增加。

1.5.2.3　气候因素

预计到 2100 年，大气中温室气体浓度的增加将使全球地表平均温度比工业化前水平提高 2～4.5℃，高海拔地区的变暖效应将尤为明显（Hoegh-Guldberg et al.，2019）。气温升高导致的土壤温度升高会极大地影响陆地生态系统中的碳、氮、磷等养分循环，影响土壤呼吸、土壤有机物分解和土壤微生物群落结构和活动等特性（Dai et al.，2020）。但是，气候变暖对土壤微生物群落的影响没有一致的模式，研究结果主要取决于实验变暖的方式、变暖处理的时间和范围以及生态系统类型（Yanni et al.，2020）。全球变化因素（气候变暖、二氧化碳升高、干旱等）对微生物 α 多样性的净影响是可变的，稀有微生物比优势类群受到全球变化更强烈的影响（Donhauser et al.，2021）。不同的土壤微生物群体对变暖引起的环境变化具有不同的敏感性，如碳、氮、磷等养分供应的变化，且在许多生态系统中已经观察到变暖对土壤微生物群落的积极、消极或中性影响（Ricketts et al.，2020；Wang et al.，2020；Chen et al.，2021）。温度升高可以改变土壤微生物底物的利用模式，从而直接影响土壤微生物群落结构（Zhang et al.，2018；Cowan et al.，2022）。Cowan 等（2022）通过构建模型发现，撒哈拉以南的非洲地区土壤微生物群落多样性和结构对气候变化极具脆弱性。

1.5.3 生物因子对土壤微生物的影响

1.5.3.1 植被种类

研究发现，植被种类能够通过确定供给的底物，结合改变自然条件从而调节土壤微生物的群落结构（Pan et al.，2023）。Deng 等（2019）发现天然次生林的土壤微生物多样性明显高于人工次生林。Viitamäki 等（2022）研究发现芬兰亚北极地区土壤微生物群落的多样性和功能因植被类型的差异而产生显著变化。Deng 等（2020）通过比较中国辽宁省某露天采煤迹地不同植被恢复措施下的土壤微生物，发现刺槐的土壤微生物多样性高于红松和五角槭。

1.5.3.2 人为因素

不同的土地利用方式，如放牧、耕作方式、灌溉以及施肥条件都会影响土壤微生物的群落结构和多样性（吴希慧等，2021）。El Mujtar 等（2021）评估阿根廷温带大草原受放牧影响的土壤微生物多样性，结果发现较强的放牧强度可增加土壤细菌的多样性，同时减少了土壤真菌的群落结构。Wu 等（2022）通过比较长期牲畜放牧（＞10 年）对表层（0～20 cm）和深层（40～60 cm）土壤微生物群落结构和功能，发现牲畜放牧强烈改变了两个土层的真菌和细菌的群落组成，且对细菌的影响强于真菌。Naumova 等（2022）研究发现西伯利亚农业区不同耕作类型对土壤真菌的多样性产生显著影响，但长期耕作管理的土壤真菌群落组成与传统耕作方式的土壤真菌组成并没有显著变化。Dietrich 等（2017）通过研究施肥对 12 个不同管理温带草原土壤微生物活动（微生物生物量碳、基础呼吸）的影响，结果发现施肥通过对植物物种丰度的负面影响，削弱微生物碳源供给，间接影响土壤微生物生物量碳，使微生物群落结构与功能受损。此外，还有研究表明，长期免耕结合施用有机肥的管理模式能够提高土壤微生物群落的多样性和稳定性（Sun et al.，2022；Wang et al.，2017）。

参 考 文 献

安晶, 哈斯, 杜会石, 等. 2015. 内蒙古高原小叶锦鸡儿灌丛沙堆对气流结构与风蚀的影响. 干旱区研究, 02: 304-312.

曹瑞, 杨万勤, 袁吉, 等. 2022. 马尾松人工林土壤有机层和矿质土壤层酶活性随雨旱季的变化. 生态学报, 42(19): 8031-8040.

陈鸿洋, 尚振艳, 傅华, 等. 2015. 荒漠区不同大小灌丛周围土壤微生物生物量及活性特征. 草业学报, 24(2): 70-76.

陈芸芸. 2006. 退化草地恢复过程中不同种植密度人工柠条灌丛对植被的影响. 漳州师范学院

学报(自然科学版), (1): 88-92.
丁爱强, 徐先英, 张雯, 等. 2019. 不同退化程度柽柳灌丛的土壤理化和生物学特性. 草业学报, 28(2): 1-11.
樊瑞霞. 2016. 白刺灌丛堆土壤—植被空间变化特征及相关关系研究. 宁夏大学硕士学位论文.
高斯远, 曹广超, 刁二龙, 等. 2022. 盛行风作用下柴木达盆地典型多花柽柳灌丛资源岛特征. 水土保持通报, 42(4): 293-300.
韩翠, 康扬眉, 余海龙, 等. 2022. 荒漠草原凋落物分解过程中降水量对土壤酶活性的影响. 生态环境学报, 31(9): 1802-1812.
贺纪正, 王军涛. 2015. 土壤微生物群落构建理论与时空演变特征. 生态学报, 35(20): 6575-6583.
李志忠, 武胜利, 肖晨曦, 等. 2007. 新疆和田河流域灌丛沙堆风洞流场的实验研究(Ⅰ). 中国沙漠, (1): 9-14.
刘剑荣, 杨磊, 卫伟, 等. 2021. 半干旱黄土区柠条灌丛不同植被管理方式下的土壤水分. 草业科学, 38(8): 1439-1450.
刘进辉, 王雪芹, 马洋, 等. 2015. 沙漠绿洲过渡带柽柳灌丛沙堆—丘间地系统土壤粒度分异规律. 北京林业大学学报, 37(11): 89-99.
刘明健, 张永亮, 贾玉山, 等. 2021. 豆禾混播对草地土壤碳氮磷含量的影响. 中国草地学报, 43(8): 50-57.
刘哲, 梅续芳, 张玮, 等. 2016. 荒漠区狭叶锦鸡儿灌丛的微气候特征. 干旱区研究, 02: 308-312.
马士龙, 丁国栋, 郝玉光, 等. 2006. 单一白刺灌丛堆周围风速流场的试验研究. 水土保持研究, 2006(06): 147-149.
梅嘉仪, 甘东波, 朱恩永, 等. 2021. 桉树人工林土壤酶活性研究进展. 南方林业科学, 49(4): 42-46.
彭飞, 王涛, 刘立超, 等. 2012. 民勤荒漠绿洲过渡带白刺灌丛沙堆演化阶段及其空间格局. 中国沙漠, 32(03): 593-599.
孙亚荣, 王亚娟, 赵敏, 等. 2022. 黄土丘陵区柠条人工林不同深度土壤呼吸速率对土壤温湿度的响应. 环境科学, 43(10): 4648-4657.
王理德, 王方琳, 郭春秀, 等. 2016. 土壤酶学研究进展. 土壤, 48(1): 12-21.
王楠, 黄菁华, 霍娜, 等. 2022. 黄土高原半干旱区不同林龄柠条人工林土壤线虫群落特征. 生态学杂志, 41(2): 236-245.
王升堂, 邹学勇, 张春来, 等. 2007. 民勤绿洲边缘带灌丛沙丘防风作用研究. 地理科学, (1): 104-108.
王子寅, 刘秉儒, 牟红霞, 等. 2022. 荒漠草原不同发育阶段柠条灌丛堆土壤真菌群落多样性特征研究. 干旱地区农业研究, 40(3): 218-227.
吴希慧, 王蕊, 高长青, 等. 2021. 土地利用驱动的土壤性状变化影响微生物群落结构和功能. 生态学报, 41(20): 7989-8002.
吴晓东, 邢泽炳, 谷晓霞, 等. 2021. 炭化温度对柠条生物炭结构和性能的影响. 太阳能学报, 42(12): 297-303.
武胜利, 李志忠, 焦黎, 等. 2008. 新疆和田河流域柽柳沙堆表面沙物质粒度特征. 干旱区研究, (5): 745-751.
武胜利, 李志忠, 肖晨曦, 等. 2006. 灌丛沙堆的研究进展与意义. 中国沙漠, (5): 734-738.

徐雁, 向成华, 李贤伟. 2010. 土壤酶的研究概况. 四川林业科技, 31(2): 14-20.
严雨洁, 夏露, 赵冰琴, 等. 2020. 向家坝工程扰动区不同修复类型边坡土壤养分及土壤酶活性特征. 长江流域资源与环境, 29(9): 2005-2015.
杨越, 吴才武, 武智勇, 等. 2020. 冀北坝上地区 3 种人工灌木林地防风蚀效果的比较. 水土保持学报, 34(1): 54～57+63.
殷婕, 哈斯额尔敦, 安晶, 等. 2022. 鄂尔多斯高原油蒿(*Artemisia ordosica*)灌丛沙堆风沙气流结构及其地貌学意义. 中国沙漠, 42(1): 184-195.
昝国盛, 王翠萍, 李锋, 等. 2023. 第六次全国荒漠化和沙化调查主要结果及分析. 林业资源管理, 2: 1-7.
张萍, 康经理, 袁瑱, 等. 2017. 两类植物型沙丘上植物群落的异同及其对沙丘形态的响应. 生态学报, 37(23): 7920-7927.
张玮, 韩磊, 解李娜, 等. 2014. 不同生境狭叶锦鸡儿灌丛沙堆的土壤微生物数量、养分含量及酶活性的比较研究. 天津师范大学学报(自然科学版), 34(4): 68-71.
张义凡, 陈林, 刘学东, 等. 2017. 荒漠草原 2 种群落灌丛堆土壤水分的空间特征. 西南农业学报, 30(04): 836-841.
支莹, 刘树林, 康文平, 等. 2021. 浑善达克沙地锦鸡儿属(*Caragana*)灌丛沙堆形态特征研究. 干旱区地理, 44(5): 1438-1448.
卓志清, 李勇, 兴安, 等. 2019. 东北旱作区土壤碳氮磷生态化学计量特征及其影响因素. 农业机械学报, 50(10): 259-268+336.
An H, Tang Z S, Keesstra S, et al. 2019. Impact of desertification on soil and plant nutrient stoichiometry in a desert grassland. Scientific Reports, 9(1): 9422.
An J, Chang H, Han S H, et al. 2020. Changes in basic soil properties and enzyme activities along an afforestation series on the dry Aral Sea Bed, Kazakhstan. Forest Science and Technology, 16(1): 26-31.
Banerjee S, van der Heijden M G A. 2023. Soil microbiomes and one health. Nature Reviews Microbiology, 21(1): 6-20.
Barnard R L, Osborne C A, Firestone M K. 2015. Changing precipitation pattern alters soil microbial community response to wet-up under a Mediterranean-type climate. The ISME Journal, 9(4): 946-957.
Bian F Y, Wang Y K, Duan B L, et al. 2021. Drought stress introduces growth, physiological traits and ecological stoichiometry changes in two contrasting Cunninghamia lanceolata cultivars planted in continuous-plantation soils. BMC Plant Biology, 21(1): 379.
Borer E T, Lind E M, Ogdahl E J, et al. 2015. Food-web composition and plant diversity control foliar nutrient content and stoichiometry. Journal of Ecology, 103(6): 1432-1441.
Carrera A L, Bertiller M B, Sain C L, et al. 2003. Relationship between plant nitrogen conservation strategies and the dynamics of soil nitrogen in the arid Patagonian Monte, Argentina. Plant and Soil, 255(2): 595-604.
Chen W J, Zhou H K, Wu Y, et al. 2021. Plant-mediated effects of long-term warming on soil microorganisms on the Qinghai-Tibet Plateau. CATENA, 204: 105391.
Cowan D A, Lebre P H, Amon C E R, et al. 2022. Biogeographical survey of soil microbiomes across sub-Saharan Africa: structure, drivers, and predicted climate-driven changes. Microbiome, 10(1): 131.
D'Odorico P, Bhattachan A, Davis K F, et al. 2013. Global desertification: drivers and feedbacks.

Advances in Water Resources, 51: 326-344.
Dai Z M, Yu M J, Chen H H, et al. 2020. Elevated temperature shifts soil N cycling from microbial immobilization to enhanced mineralization, nitrification and denitrification across global terrestrial ecosystems. Global Change Biology, 26(9): 5267-5276.
Delgado-Baquerizo M, Eldridge D J, Maestre F T, et al. 2018. Aridity decouples C: N: P stoichiometry across multiple trophic levels in terrestrial ecosystems. Ecosystems, 21(3): 459-468.
Deng J J, Bai X J, Zhou Y B, et al. 2020. Variations of soil microbial communities accompanied by different vegetation restoration in an open-cut iron mining area. Science of the Total Environment, 704: 135243.
Deng J J, Zhou Y B, Bai X J, et al. 2019. Soil microbial functional diversity responses to different revegetation types in Baishilazi Nature Reserve. Polish Journal of Environmental Studies, 28(5): 3675-3686.
Dietrich P, Buchmann T, Cesarz S, et al. 2017. Fertilization, soil and plant community characteristics determine soil microbial activity in managed temperate grasslands. Plant and Soil, 419(1): 189-199.
Donhauser J, Qi W H, Bergk-Pinto B, et al. 2021. High temperatures enhance the microbial genetic potential to recycle C and N from necromass in high-mountain soils. Global Change Biology, 27(7): 1365-1386.
El Mujtar V A, Gregorutti V C, Eclesia R P, et al. 2021. Assessing soil microbial biodiversity as affected by grazing and woody vegetation cover in a temperate savannah. Annals of Applied Biology, 179(2): 231-245.
El-Bana M I, Nijs I, Khedr A H A. 2003. The importance of phytogenic mounds(nebkhas)for restoration of arid degraded rangelands in northern Sinai. Restoration Ecology, 11(3): 317-324.
El-Bana M I, Nijs I, Kockelbergh F. 2002. Microenvironmental and vegetational heterogeneity induced by phytogenic nebkhas in an arid coastal ecosystem. Plant and Soil, 247(2): 283-293.
Feng H Y, Wang Z, Jia P L, et al. 2022. Diversity and distribution of CO_2-fixing microbial community along elevation gradients in meadow soils on the Tibetan Plateau. Scientific Reports, 12(1): 9621.
Fuentes B, Gómez F, Valdez C, et al. 2022. Effects of altitude on soil properties in coastal fog ecosystems in Morro Moreno National Park, Antofagasta, Chile. European Journal of Soil Science, 73(1): e13217.
García-Romero L, Hernández-Cordero A I, Hesp P A, et al. 2021. Decadal monitoring of Traganum moquinii's role on foredune morphology of an human impacted arid dunefield. Science of the Total Environment, 758: 143802.
Gianfreda L. 2015. Enzymes of importance to rhizosphere processes. Journal of Soil Science and Plant Nutrition, 15(2): 283-306.
Guenther M, Araújo M, Flores-Montes M, et al. 2015. Eutrophication effects on phytoplankton size-fractioned biomass and production at a tropical estuary. Marine Pollution Bulletin, 91(2): 537-547.
Hernández-Cordero A I, Hernández-Calvento L, Espino E P C. 2017. Vegetation changes as an indicator of impact from tourist development in an arid transgressive coastal dune field. Land Use Policy, 64: 479-491.
Hernández-Cordero A I, Pérez-Chacón Espino E, Hernández-Calvento L. 2015. Vegetation, distance to the coast, and aeolian geomorphic processes and landforms in a transgressive arid coastal dune system. Physical Geography, 36(1): 60-83.

Hoegh-Guldberg O, Jacob D, Taylor M, et al. 2019. The human imperative of stabilizing global climate change at 1.5°C. Science, 365(6459): eaaw6974.

Huang J P, Yu H P, Guan X D, et al. 2016. Accelerated dryland expansion under climate change. Nature Climate Change, 6(2): 166-171.

Jiroušek M, Hájek M, Bragazza L. 2011. Nutrient stoichiometry in Sphagnum along a nitrogen deposition gradient in highly polluted region of Central-East Europe. Environmental Pollution, 159(2): 585-590.

Kamenišťák J, Baláž I, Tulis F, et al. 2020. Changes of small mammal communities with the altitude gradient. Biologia, 75(5): 713-722.

Khalaf F I, Al-Awadhi J M. 2012. Sedimentological and morphological characteristics of gypseous coastal nabkhas on Bubiyan Island, Kuwait, Arabian Gulf. Journal of Arid Environments, 82: 31-43.

Khalaf F I, Misak R, Al-Dousari A. 1995. Sedimentological and morphological characteristics of some nabkha deposits in the northern coastal plain of Kuwait, Arabia. Journal of Arid Environments, 29(3): 267-292.

Leewis M C, Lawrence C R, Schulz M S, et al. 2022. The influence of soil development on the depth distribution and structure of soil microbial communities. Soil Biology and Biochemistry, 174: 108808.

Li L, Liu B, Gao X P, et al. 2019. Nitrogen and phosphorus addition differentially affect plant ecological stoichiometry in desert grassland. Scientific Reports, 9(1): 18673.

Li M, Zhang K R, Yan Z Q, et al. 2022. Soil water content shapes microbial community along gradients of wetland degradation on the Tibetan Plateau. Frontiers in Microbiology, 13: 824267.

Li X, Cui Y Q, Ma D L, et al. 2022. Vertical distribution of bacterial community diversity in the Greater Khingan Mountain permafrost region. Ecology and Evolution, 12(7): e9106.

Lodh A. 2021. Simulating the impact of extended desertification on Indian hydro climate using ICTP-RegCM4.4.5.10 model. Journal of Hydrology, 598: 126405.

Luo W C, Zhao W Z, Liu B, et al. 2020. Nebkhas play important roles in desertification control and biodiversity protection in arid and semi-arid regions of China. Ecosystem Health and Sustainability, 6(1): 1844550.

Luo W C, Zhao W Z, Liu B. 2016. Growth stages affect species richness and vegetation patterns of nebkhas in the desert steppes of China. CATENA, 137: 126-133.

Mangan S A, Schnitzer S A, Herre E A, et al. 2010. Negative plant-soil feedback predicts tree-species relative abundance in a tropical forest. Nature, 466: 752-755.

Martirosyan V, Steinberger Y. 2014. Microbial functional diversity in the phyllosphere and laimosphere of different desert plants. Journal of Arid Environments, 107: 26-33.

Martirosyan V, Unc A, Miller G, et al. 2016. Desert perennial shrubs shape the microbial-community miscellany in laimosphere and phyllosphere space. Microbial Ecology, 72(3): 659-668.

Mishra A, Singh L, Singh D. 2023. Unboxing the black box — one step forward to understand the soil microbiome: a systematic review. Microbial Ecology, 85(2): 669-683.

Moody E K, Wilkinson G M. 2019. Functional shifts in lake zooplankton communities with hypereutrophication. Freshwater Biology, 64(3): 608-616.

Mountney N P, Russell A J. 2009. Aeolian dune-field development in a water table-controlled system: Skeiđarársandur, Southern Iceland. Sedimentology, 56(7): 2107-2131.

Mukhopadhyay S, Joy V C. 2010. Influence of leaf litter types on microbial functions and nutrient status of soil: Ecological suitability of forest trees for afforestation in tropical laterite wastelands. Soil Biology and Biochemistry, 42(12): 2306-2315.

Mukhtar H, Lin C M, Wunderlich R F, et al. 2021. Climate and land cover shape the fungal community structure in topsoil. Science of the Total Environment, 751: 141721.

Nannipieri P, Ascher J, Ceccherini M T, et al. 2017. Microbial diversity and soil functions. European Journal of Soil Science, 68(1): 12-26.

Naumova N, Barsukov P, Baturina O, et al. 2022. Soil mycobiome diversity under different tillage practices in the South of West Siberia. Life 2022, 12(8): 1169.

Nwe T Z, Maaroufi N I, Allan E, et al. 2023. Plant attributes interact with fungal pathogens and nitrogen addition to drive soil enzymatic activities and their temporal variation. Functional Ecology, 37(3): 564-575.

Pan J X, Peng Y F, Wang J S, et al. 2023. Controlling factors for soil bacterial and fungal diversity and composition vary with vegetation types in alpine grasslands. Applied Soil Ecology, 184: 104777.

Preem J K, Truu J, Truu M, et al. 2012. Bacterial community structure and its relationship to soil physico-chemical characteristics in alder stands with different management histories. Ecological Engineering, 49: 10-17.

Preusser S, Marhan S, Poll C, et al. 2017. Microbial community response to changes in substrate availability and habitat conditions in a reciprocal subsoil transfer experiment. Soil Biology and Biochemistry, 105: 138-152.

Quets J J, El-Bana M I, Al-Rowaily S L, et al. 2017. Emergence, survival, and growth of recruits in a desert ecosystem with vegetation-induced dunes (nebkhas): A spatiotemporal analysis. Journal of Arid Environments, 139: 1-10.

Quets J J, Temmerman S, El-Bana M I, et al. 2013. Unraveling landscapes with phytogenic mounds (nebkhas): An exploration of spatial pattern. Acta Oecologica, 49: 53-63.

Rao M A, Scelza R, Acevedo F, et al. 2014. Enzymes as useful tools for environmental purposes. Chemosphere, 107: 145-162.

Ren C J, Zhang W, Zhong Z K, et al. 2018. Differential responses of soil microbial biomass, diversity, and compositions to altitudinal gradients depend on plant and soil characteristics. Science of the Total Environment, 610-611: 750-758.

Ricketts M P, Matamala R, Jastrow J D, et al. 2020. The effects of warming and soil chemistry on bacterial community structure in Arctic tundra soils. Soil Biology and Biochemistry, 148: 107882.

Rúa M A, Moore B, Hergott N, et al. 2015. Ectomycorrhizal fungal communities and enzymatic activities vary across an ecotone between a forest and field. Journal of Fungi, 1(2): 185-210.

Sardans J, Janssens I A, Ciais P, et al. 2021. Recent advances and future research in ecological stoichiometry. Perspectives in Plant Ecology, Evolution and Systematics, 50: 125611.

Sokol N W, Slessarev E, Marschmann G L, et al. 2022. Life and death in the soil microbiome: how ecological processes influence biogeochemistry. Nature Reviews Microbiology, 20(7): 415-430.

Song S Z, Xiong K N, Chi Y K, et al. 2022. Effect of cultivated pastures on soil bacterial communities in the karst rocky desertification area. Frontiers in Microbiology, 13: 922989.

Sui X, Zhang R T, Frey B, et al. 2021. Soil physicochemical properties drive the variation in soil microbial communities along a forest successional series in a degraded wetland in northeastern China. Ecology and Evolution, 11(5): 2194-2208.

Sun Z C, Lin M, Du C H, et al. 2022. The use of manure shifts the response of α-diversity and network while not β-diversity of soil microbes to altered irrigation regimes. Applied Soil Ecology, 174: 104423.

Tao Y, Wu G L, Zhang Y M, et al. 2016. Leaf N and P stoichiometry of 57 plant species in the

Karamori Mountain Ungulate Nature Reserve, Xinjiang, China. Journal of Arid Land, 8(6): 935-947.

Tengberg A, Chen D L. 1998. A comparative analysis of nebkhas in central Tunisia and northern Burkina Faso. Geomorphology, 22(2): 181-192.

They N H, Amado A M, Cotner J B. 2017. Redfield ratios in inland waters: higher biological control of C: N: P ratios in tropical semi-arid high water residence time lakes. Frontiers in Microbiology, 8: 01505.

Viitamäki S, Pessi I S, Virkkala A-M, et al. 2022. The activity and functions of soil microbial communities in the Finnish sub-Arctic vary across vegetation types. FEMS Microbiology Ecology, 98(8): fiac079.

Wang Y W, Ma A Z, Liu G H, et al. 2020. Potential feedback mediated by soil microbiome response to warming in a glacier forefield. Global Change Biology, 26(2): 697-708.

Wang Y, Li C Y, Tu C, et al. 2017. Long-term no-tillage and organic input management enhanced the diversity and stability of soil microbial community. Science of The Total Environment, 609: 341-347.

Willis A J, Ranwell D S. 1974. Ecology of Salt Marshes and Sand Dunes. The Journal of Ecology, 62(2): 665.

Wu Y, Chen D M, Delgado-Baquerizo M, et al. 2022. Long-term regional evidence of the effects of livestock grazing on soil microbial community structure and functions in surface and deep soil layers. Soil Biology and Biochemistry, 168: 108629.

Xie G H, Steinberger Y. 2001. Temporal patterns of C and N under shrub canopy in a loessial soil desert ecosystem. Soil biology and Biochemistry, 33(10): 1371-1379.

Yang Y G, Yang Y, Geng Y Q, et al. 2018. Effects of different land types on soil enzyme activity in the Qinghai Lake region. Wetlands, 38(4): 711-721.

Yanni S F, Helgason B L, Janzen H H, et al. 2020. Warming effects on carbon dynamics and microbial communities in soils of diverse texture. Soil Biology and Biochemistry, 140: 107631.

Yu J, Steinberger Y. 2012. Soil microbial metabolic profiles in two geomorphological units in a semistable sand-dune ecosystem. Soil Biology and Biochemistry, 45: 71-78.

Zhang C J, Delgado-Baquerizo M, Drake J E, et al. 2018. Intraspecies variation in a widely distributed tree species regulates the responses of soil microbiome to different temperature regimes. Environmental Microbiology Reports, 10(2): 167-178.

Zhang Y, Dong S K, Gao Q Z, et al. 2016. Climate change and human activities altered the diversity and composition of soil microbial community in alpine grasslands of the Qinghai-Tibetan Plateau. Science of the Total Environment, 562: 353-363.

Zhao F Z, Ren C J, Han X H, et al. 2018. Changes of soil microbial and enzyme activities are linked to soil C, N and P stoichiometry in afforested ecosystems. Forest Ecology and Management, 427: 289-295.

Zheng W, Wu Q, Rao C J, et al. 2023. Characteristics and interactions of soil bacteria, phytocommunity and soil properties in rocky desertification ecosystems of Southwest China. CATENA, 220: 106731.

第 2 章　荒漠草原沙化区不同发育阶段柠条灌丛堆土壤理化性质

2.1　研究区概况

研究区位于宁夏回族自治区吴忠市盐池县南部荒漠草原（39°22′～37°24′N，106°57′～106°59′E，海拔在 1500～1600 m）（王子寅等，2022a）。研究区地势南高北低，北接毛乌素沙地。由于本身地理位置的特殊性，大陆性的气候特征明显，干旱、降水不足、光照时间长、蒸发强、多风、沙尘活动较多。年平均降水量 250～350 mm，年际波动大，主要集中在 7～9 月，7～9 月的降水量占全年降水量的 60% 以上。年蒸发量在 1221.9～2086.5 mm，远远高于年降水量。年日照时数约 3000 h，年平均气温 8.2℃，有效积温约为 2944.9℃，无霜期 120～150 d。全年盛行西风和西北风，春季较为频繁，因此大风盛行导致气候具有干燥性，促进了荒漠化的进程（王子寅等，2022b）。

研究区土壤质地主要以有机质含量低、易沙化的灰钙土和风沙土为主。常见的植物种类以干旱、半干旱类型的植物为主，主要有柠条锦鸡儿（*Caragana korshinskii*）、赖草（*Leymus secalinus*）、糙隐子草（*Cleistogenes squarrosa*）、长芒草（*Stipa bungeana*）、兴安胡枝子（*Lespedeza davurica*）和米蒿（*Artemisia dalai-lamae*）等（王子寅等，2023）。

试验区处于干旱风沙区，草地植被退化严重，宁夏回族自治区林业厅（现宁夏回族自治区林业和草原局）于 2000 年开始在当地人工栽植柠条用以防风固沙，经过 15 年多的管护（设有近 10 个瞭望塔），防风固沙生态效益显著，并设立了林场进行资源保护。由于不同年份补植，形成苗木大小差异，经过近 15 年的生长发育，出现灌丛堆大小不一，斑块化明显的自然景观（图 2-1）。

图 2-1 柠条灌丛堆景观图

2.2 试验设计

实验时间为 2020 年 8 月，根据熊小刚和韩兴国（2005）、潘军等（2015）对柠条灌丛堆发育阶段的划分方法，在盐池县荒漠草原较小的区域尺度内选取不同发育阶段，且尽量避免人为干扰的柠条灌丛堆，将其划分为生长期、成熟期和衰退期。不同发育阶段柠条灌丛堆特点如表 2-1、图 2-2 所示。在植物生长最旺盛的时期（2020 年 8 月下旬），根据不同发育阶段的柠条灌丛堆特点，不同的发育阶段选取 5 个外形较为规则、生长态势均匀一致的柠条灌丛堆作为研究对象，为减小柠条灌丛堆的生长差异对后续取样造成的影响，一共选取 15 个大小有梯度差异柠条灌丛堆。采样地理位置如表 2-2 所示。

表 2-1 不同发育阶段柠条灌丛堆特点

发育阶段	形态	植被生长状况
生长期	形态较为规则	柠条生长状况良好，无枯死情况，灌丛堆无鼠害现象
成熟期	形态接近半椭球形且规则	柠条生长状况良好，枯死率较低，灌丛堆有鼠洞、存在鼠害现象
衰退期	形态较不规则	柠条生长状况差，枯死率较高，灌丛堆鼠洞较多、鼠害现象严重

图 2-2　不同发育柠条灌丛堆

（a）研究区景观图；（b）生长期；（c）成熟期；（d）衰退期

表 2-2　柠条灌丛堆研究区域地理位置

发育阶段	样地编号	纬度	经度	海拔（m）
生长期	1	37°23′34.68″N	106°58′11.61″E	1529
	2	37°23′41.7″N	106°58′8.81″E	1586
	3	37°23′42.7″N	106°58′9.96″E	1580
	4	37°23′42.66″N	106°58′9.86″E	1580
	5	37°23′41.84″N	106°58′8.53″E	1586
成熟期	1	37°23′32.11″N	106°58′13.06″E	1527
	2	37°23′34.68″N	106°58′11.62″E	1567
	3	37°23′4.08″N	106°58′8.83″E	1588
	4	37°23′42.59″N	106°58′8.97″E	1586
	5	37°23′43.43″N	106°58′10.19″E	1578
衰退期	1	37°23′34.68″N	106°58′11.62″E	1567
	2	37°23′42.58″N	106°58′8.97″E	1586
	3	37°23′43.41″N	106°58′9.28″E	1579
	4	37°23′43.35″N	106°58′8.51″E	1585
	5	37°23′42.72″N	106°58′8.55″E	1586

2.3 不同发育阶段柠条灌丛堆土壤理化性质及碳氮磷生态化学计量特征

2.3.1 不同发育阶段柠条灌丛堆植被特征

柠条灌丛堆的不同发育阶段在形态特征上辨识度较大，如表 2-1、表 2-2 所示。成熟期阶段的柠条灌丛堆盖度最大，为 92%。不同发育阶段的柠条灌丛堆长短轴和柠条高度具有显著性差异（$P<0.05$），均为成熟期最大；灌丛堆高度没有显著性差异（$P>0.05$）。灌丛堆从生长期开始发育，到成熟期末尾为止停止发育，然后在衰退期时，柠条灌丛堆开始出现严重鼠害现象，并随着风蚀、枯死的加剧，灌丛堆开始坍塌（表 2-3）。

表 2-3　不同发育阶段灌丛堆形态特征

发育阶段	灌丛堆长轴（cm）	灌丛堆短轴（cm）	灌丛堆高度（cm）	柠条高度（cm）	盖度（%）
生长期	1.53±0.24b	1.25±0.18b	0.50±0.08a	1.03±0.31b	70.40±2.70b
成熟期	2.94±0.44a	2.48±0.56a	0.60±0.19a	1.74±0.23a	92.00±2.55a
衰退期	2.53±0.38a	2.22±0.30a	0.53±0.07a	0.64±0.16c	55.00±4.64c

注：表中数值均为平均值±标准误，相同小写字母表示差异性不显著（$P>0.05$），不同小写字母表示差异性显著（$P<0.05$）。下同

2.3.2 不同发育阶段柠条灌丛堆土壤理化性质

研究区柠条灌丛堆土壤的 pH 均在 7.5 以上，属于弱碱性土壤。如图 2-3（a）所示，不同发育阶段柠条灌丛堆土壤 pH 整体表现为衰退期＞成熟期＞生长期，且生长期、成熟期和衰退期三个阶段存在差异，生长期中部 10～20 cm 土壤 pH 最小，衰退期底部 10～20 cm 土壤 pH 最大；在衰退期底部和生长期顶部土壤中，10～20 cm 土层土壤 pH 大于 0～10 cm 土层土壤，但没有显著性差异；生长期中部 0～10cm 土层土壤大于 10～20 cm 土层土壤但没有显著性差异。空间位置上表现为在生长期顶部和底部 10～20 cm 土层土壤大于中部 10～20 cm 土层土壤，且生长期顶部和底部 10～20 cm 土层土壤大于 0～10 cm 土层土壤；成熟期底部 10～20 cm 土层土壤大于中部 10～20 cm 土层土壤；成熟期其余部位与衰退期的垂直差异性没有显著性差异。

从图 2-3（b）可知，研究区柠条灌丛堆土壤含水量整体表现为成熟期大于生长期和衰退期，成熟期中部 0～10 cm 最大，生长期顶部 0～10 cm 最小，且生长

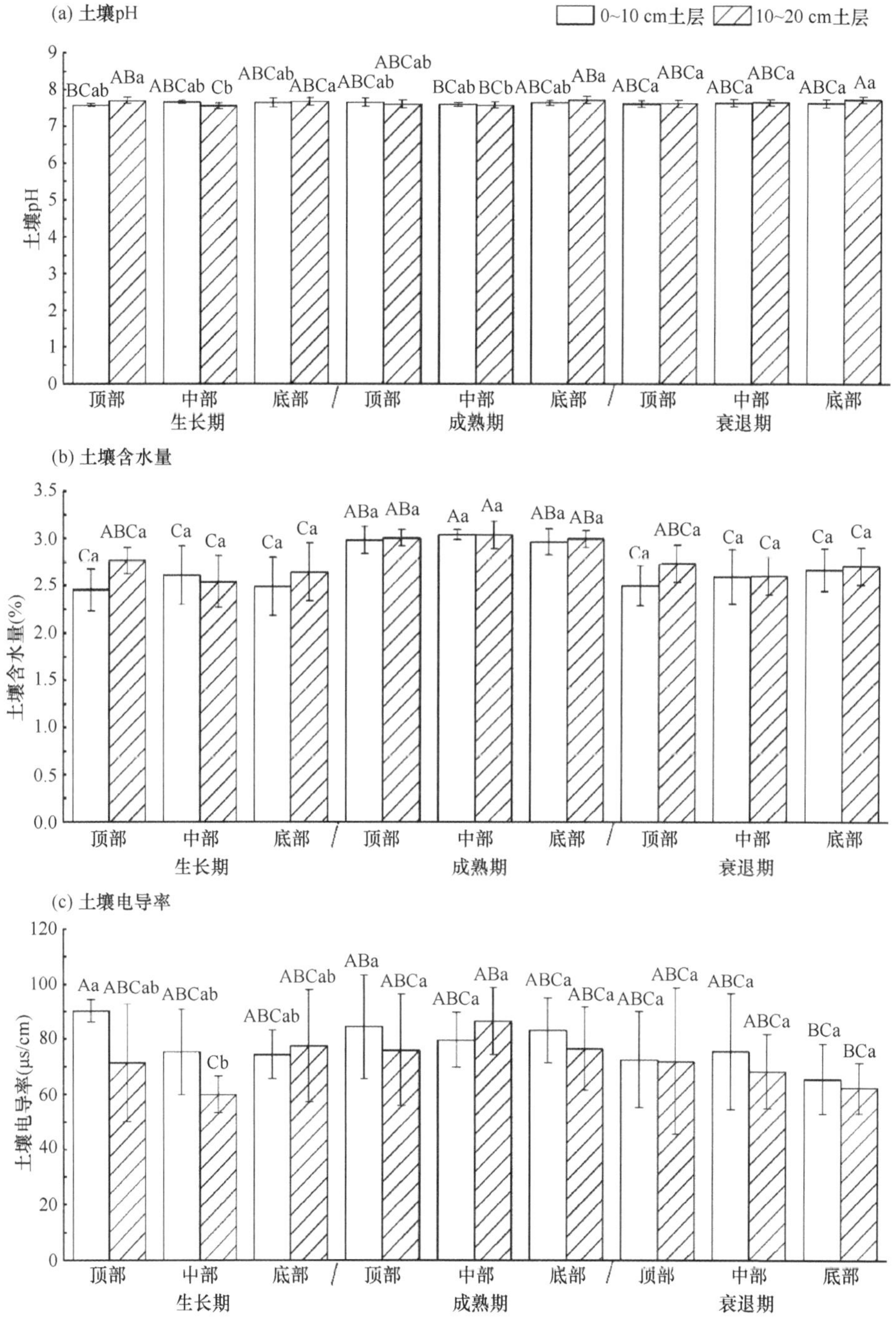

图 2-3　不同发育阶段柠条灌丛堆土壤 pH（a）、含水量（b）、电导率（c）理化特征

数值为平均数±标准误。不同大写字母表示柠条灌丛堆不同发育阶段间具有显著性差异，不同小写字母表示柠条灌丛堆同一发育阶段在空间上具有显著性差异。下同

期、成熟期和衰退期三个阶段存在显著性差异。生长期和衰退期的顶部 10～20 cm 土层土壤大于 0～10 cm 土层土壤但不具有显著性差异。生长期、成熟期和衰退期三个阶段土壤含水量的垂直差异性没有显著性差异。

从图 2-3（c）可知，柠条灌丛堆土壤电导率表现为在生长期顶部 0～10 cm 土层土壤含量最高，在生长期中部 10～20 cm 土层土壤最低；生长期顶部和中部以及成熟期顶部的 0～10 cm 土层土壤大于 10～20 cm 土层土壤，成熟期中部 10～20 cm 土层土壤大于 0～10 cm 土层土壤，但均没有表现出差异性。在生长期，其空间位置表现为顶部和中部 0～10 cm 土层土壤大于 10～20 cm 土层土壤，没有表现出显著性差异；成熟期和衰退期的垂直差异性同样也不明显。

不同发育阶段柠条灌丛堆的土壤养分含量具有一定差异（表 2-4）。

表 2-4　不同发育阶段柠条灌丛堆土壤养分特征

发育阶段	灌丛堆位置	土层深度（cm）	有机碳（g/kg）	全氮（g/kg）	全磷（g/kg）	速效磷（mg/kg）
生长期	顶部	0～10	3.56±0.50ABCa	0.16±0.02ABCDEa	0.26±0.06Aa	3.11±0.46BCDEab
	顶部	10～20	3.37±0.11BCDa	0.13±0.03Eb	0.23±0.01 Aa	3.42±0.52ABCDa
	中部	0～10	3.10±0.86BCDEbc	0.17±0.02ABCDEa	0.24±0.01 Aa	3.30±0.70ABCDEab
	中部	10～20	2.80±0.50BCDEbc	0.15±0.02BCDEab	0.23±0.02 Aa	2.81±0.30DEab
	底部	0～10	3.00±0.82BCDEbc	0.17±0.01ABCDa	0.24±0.02 Aa	3.43±0.57ABCDa
	底部	10～20	2.54±0.24DEb	0.16±0.03ABCDEa	0.24±0.04 Aa	2.67±0.21Eb
成熟期	顶部	0～10	4.25±0.86Aa	0.18±0.03ABab	0.27±0.03 Aa	3.90±0.48Aa
	顶部	10～20	3.65±0.12ABab	0.15±0.03ABCb	0.23±0.01 Aa	3.59±0.16ABCab
	中部	0～10	3.05±0.67BCDEbc	0.15±0.01BCDEb	0.23±0.02 Aa	3.64±0.62ABCab
	中部	10～20	3.16±0.41BCDEbc	0.20±0.02Aa	0.26±0.08 Aa	3.27±0.65ABCDEab
	底部	0～10	3.15±0.98BCDEbc	0.18±0.04BCDEab	0.25±0.07 Aa	3.67±0.57ABab
	底部	10～20	2.46±0.43Ec	0.16±0.03ABCDEb	0.23±0.02 Aa	2.97±0.57CDEb
衰退期	顶部	0～10	2.98±0.38BCDEa	0.15±0.04BCDEa	0.22±0.03 Aa	2.97±0.36CDEabc
	顶部	10～20	2.94±0.90BCDEa	0.15±0.03BCDEa	0.26±0.07 Aa	3.01±0.27BCDEabc
	中部	0～10	2.51±0.32DEa	0.13±0.03CDEa	0.23±0.02 Aa	3.20±0.37BCDEa
	中部	10～20	2.36±0.06Ea	0.13±0.03CDEa	0.22±0.02 Aa	2.69±0.29Ebc
	底部	0～10	2.73±0.36CDEa	0.16±0.04ABCDEa	0.23±0.03 Aa	3.09±0.33BCDEab
	底部	10～20	2.73±0.60CDEa	0.17±0.02ABCDEa	0.29±0.13 Aa	2.63±0.10Ec

注：数值为平均数±标准误。不同大写字母表示柠条灌丛堆不同发育阶段间具有显著性差异，不同小写字母表示柠条灌丛堆同一发育阶段在空间上具有显著性差异。下同

不同发育阶段柠条灌丛堆的土壤有机碳含量整体变化差异显著，表现为成熟期大于生长期和衰退期，在成熟期顶部 0～10 cm 含量最高，为 4.25 g/kg，衰退期中部 10～20 cm 含量最低，为 2.36 g/kg。土壤有机碳含量在空间位置上，生长期

和成熟期的土壤有机碳表现为顶部大于中部和底部，且具有显著性差异，但衰退期没有显著性变化。

不同发育阶段柠条灌丛堆的土壤全氮含量整体变化也具有显著性差异，表现为成熟期＞衰退期＞生长期，其中成熟期中部 10～20 cm 的全氮含量最高，为 0.20 g/kg，生长期顶部 10～20 cm 的全氮含量最低，为 0.13 g/kg。土壤全氮含量在空间位置上，生长期顶部 0～10 cm 的土壤全氮含量大于 10～20 cm 的土壤全氮含量，且生长期底部 10～20 cm 的土壤全氮含量显著大于生长期顶部 10～20 cm 的土壤全氮含量；成熟期中部 10～20 cm 的土壤全氮含量大于中部 0～10 cm 的土壤全氮含量，其余位置没有显著性差异；衰退期不具有垂直差异性。

不同发育阶段柠条灌丛堆的土壤全磷含量整体变化不具有显著性差异。

不同发育阶段柠条灌丛堆的土壤速效磷含量整体变化同样具有显著性差异，表现为成熟期大于生长期和衰退期，其中成熟期顶部 0～10 cm 的土壤速效磷含量最高，为 3.90 mg/kg，衰退期底部 10～20 cm 的土壤速效磷含量最低，为 2.63 mg/kg。土壤速效磷在空间位置上，生长期顶部 10～20 cm 的土壤速效磷含量显著大于生长期底部 10～20 cm 的土壤速效磷含量，成熟期顶部 0～10 cm 的土壤速效磷含量显著大于成熟期底部 10～20 cm 的土壤速效磷含量，衰退期中部 0～10 cm 的土壤速效磷含量显著大于衰退期底部 10～20 cm 的土壤速效磷含量，其余则没有显著性差异。

2.3.3　不同发育阶段柠条灌丛堆土壤碳氮磷生态化学计量特征

不同发育阶段柠条灌丛堆的土壤碳氮磷生态化学计量具有一定差异(表 2-5)。不同发育阶段柠条灌丛堆的土壤碳氮比（C/N）整体变化差异显著，表现为生长期＞衰退期＞成熟期，平均值为 19.62；在生长期顶部 10～20 cm 最高，为 26.63；在成熟期中部 10～20 cm 最低，为 15.89。土壤 C/N 在空间位置上，生长期顶部 10～20 cm 和成熟期顶部 10～20 cm 的土壤 C/N 分别显著大于其中部和底部 10～20 cm 的土壤 C/N，其余空间位置则没有显著性差异；衰退期的土壤 C/N 在空间位置上没有显著性差异。

表 2-5　不同发育阶段柠条灌丛堆土壤碳氮磷生态化学计量特征

发育阶段	灌丛堆位置	土层深度（cm）	C/N	C/P	N/P
生长期	顶部	0～10	21.67±1.00ABCDab	14.16±2.74ABCab	0.65±0.10ABa
	顶部	10～20	26.63±4.29Aa	15.03±1.34ABa	0.59±0.17Ba
	中部	0～10	18.22±3.46BCDbc	12.97±3.21ABCab	0.71±0.09ABa
	中部	10～20	18.57±3.55BCDbc	12.36±1.63ABCab	0.68±0.09ABa
	底部	0～10	17.56±5.91BCDbc	12.34±2.74ABCab	0.73±0.09ABa
	底部	10～20	15.90±3.33Dc	10.80±2.01Cb	0.69±0.13ABa

续表

发育阶段	灌丛堆位置	土层深度（cm）	C/N	C/P	N/P
成熟期	顶部	0～10	24.42±7.66ABCa	15.79±3.25Aa	0.67±0.10ABa
	顶部	10～20	24.89±4.12ABa	15.83±0.39Aa	0.65±0.12ABa
	中部	0～10	19.87±4.45ABCDab	13.09±2.15ABCab	0.67±0.08ABa
	中部	10～20	15.89±2.21Db	13.30±3.88ABCab	0.84±0.24Aa
	底部	0～10	18.54±6.62BCDab	12.62±3.18ABCab	0.74±0.28ABa
	底部	10～20	15.90±3.35Db	10.86±1.73Cb	0.70±0.15ABa
衰退期	顶部	0～10	22.62±9.63ABCDa	13.59±1.26ABCa	0.68±0.23ABa
	顶部	10～20	20.16±6.11ABCDa	11.78±4.54BCa	0.59±0.18ABa
	中部	0～10	19.25±3.58BCDa	11.12±0.55Ca	0.60±0.12ABa
	中部	10～20	18.43±3.57BCDa	10.97±1.23Ca	0.62±0.20ABa
	底部	0～10	17.77±4.72BCDa	11.70±0.96BCa	0.70±0.19ABa
	底部	10～20	16.89±5.28CDa	10.50±3.90Ca	0.61±0.15ABa

不同发育阶段柠条灌丛堆的土壤碳磷比（C/P）整体变化也具有显著性差异，表现为成熟期＞生长期＞衰退期，平均值为 12.71，其中成熟期顶部 10～20 cm 的土壤 C/P 最高，为 15.83；衰退期底部 10～20 cm 的土壤 C/P 最低，为 10.50。土壤 C/P 在空间位置上，生长期和成熟期顶部 10～20 cm 的土壤 C/P 分别显著大于其底部 10～20 cm 的土壤 C/P，其余空间位置则没有显著性差异；衰退期的土壤 C/P 在空间位置上没有显著性差异。

不同发育阶段柠条灌丛堆的土壤氮磷比（N/P）整体变化同样具有显著性差异，表现为成熟期＞衰退期＞生长期，平均值为 0.67，其中成熟期中部 10～20 cm 的土壤 N/P 最高，为 0.84；生长期和衰退期顶部 10～20 cm 的土壤 N/P 最低，为 0.59。土壤 N/P 在空间位置上没有显著性差异。

2.3.4 不同发育阶段柠条灌丛堆土壤理化因子与碳氮磷生态化学计量的关系

通过去趋势分析，得出 DCA 分析结果中排序轴的梯度长度小于 3，因此采用线性模型的冗余分析（RDA 图）来分析土壤碳氮磷生态化学计量与土壤理化因子之间的关系，结果如图 2-4 所示。第一轴的解释率为 55.51%，第二轴的解释率为 40.11%，前两个轴一共解释了 95.62%。利用环境因子的蒙特卡洛替换检验，确定了环境变量对生态化学计量影响结果的重要程度和显著性的排序，结果如表 2-6 所示。土壤有机碳、全氮、全磷等 7 种养分环境综合因子对生态化学计量比的影响排序依次为土壤有机碳>土壤全氮＞土壤全磷＞土壤速效磷＞土壤含水量＞土壤电导率＞土壤 pH。

其中土壤有机碳、全氮、全磷分别是解释率较高的影响因子，三者累计解释率为 95.4%，P 值均为 0.002，是影响研究区土壤生态化学计量的主要影响因子。

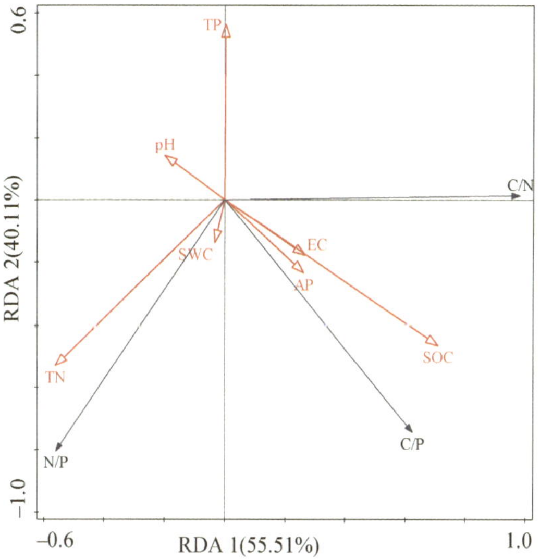

图 2-4　土壤碳氮磷生态化学计量与土壤理化因子的冗余分析

SOC 表示土壤有机碳；TN 表示土壤全氮；TP 表示土壤全磷；C/N 表示土壤碳氮比；C/P 表示土壤碳磷比；N/P 表示土壤氮磷比；AP 表示土壤速效磷；EC 表示土壤电导率；SWC 表示土壤含水量。下同

表 2-6　环境因子变量重要性排序

环境因子	重要性排序	解释率（%）	重要性 F	显著性 P
有机碳	1	36.6	50.9	0.002
全氮	2	35.8	113	0.002
全磷	3	23	437	0.002
速效磷	4	0.1	2.2	0.114
含水量	5	<0.1	1.3	0.246
电导率	6	<0.1	0.9	0.418
pH	7	<0.1	0.2	0.838

2.4　不同发育阶段柠条灌丛堆土壤酶活性变化特征

2.4.1　不同发育阶段柠条灌丛堆土壤酶活性变化

不同发育阶段柠条灌丛堆的土壤酶活性含量具有一定差异（表 2-7）。

表 2-7　不同发育阶段柠条灌丛堆土壤酶活性特征

发育阶段	灌丛堆位置	土层深度（cm）	BG [nmol/(g·h)]	ALP [nmol/(g·h)]	NAG [nmol/(g·h)]	PPO [nmol/(g·h)]	PER [nmol/(g·h)]
生长期	顶部	0～10	29.52±14.98ABCa	44.99±14.11BCa	2.08±0.60Ca	1.16±0.487BCDa	1.15±0.25BCa
	顶部	10～20	24.46±22.62ABCa	43.06±9.33BCa	2.09±0.83Ca	1.20±0.43BCDa	1.18±0.21BCa
	中部	0～10	25.05±16.50ABCa	36.39±13.42BCa	1.64±0.93Ca	1.27±0.44BCDa	1.41±0.47BCa
	中部	10～20	13.56±8.98Ca	41.29±8.68BCa	1.64±0.83Ca	1.44±0.47ABCDa	1.29±0.34BCa
	底部	0～10	24.73±13.57ABCa	30.67±15.59Ca	1.59±0.94BCa	1.08±0.21CDa	1.46±0.52BCa
	底部	10～20	12.72±2.10Ca	48.44±31.30BCa	1.07±0.45Da	1.63±0.30ABa	1.51±0.58Ba
成熟期	顶部	0～10	41.89±19.15Aa	52.58±16.11ABab	3.68±1.76ABab	0.91±0.14Db	1.01±0.24BCb
	顶部	10～20	32.77±12.58ABab	67.79±20.01Aa	4.50±2.04Aa	0.96±0.21Db	0.96±0.15Cb
	中部	0～10	17.41±2.63BCbc	45.04±16.08BCbc	1.84±0.51Cc	1.06±0.14CDb	1.36±0.13BCb
	中部	10～20	20.85±7.11BCbc	47.08±11.30BCbc	2.63±1.35BCbc	1.18±0.42BCDab	1.14±0.28BCb
	底部	0～10	19.90±8.98BCbc	32.91±12.25BCbc	1.65±0.79Cc	1.23±0.49BCDab	1.34±0.32BCb
	底部	10～20	14.05±12.42Cc	29.38±8.54Cc	1.16±0.66Cc	1.66±0.51ABa	1.97±0.61Aa
衰退期	顶部	0～10	25.73±15.02ABCa	34.21±5.60Ca	1.71±0.79Ca	1.09±0.16CDc	1.36±0.32BCa
	顶部	10～20	18.91±6.54BCa	33.94±9.42BCa	1.76±0.74Ca	1.15±0.12BCDbc	1.36±0.36BCa
	中部	0～10	17.87±12.82BCa	35.69±4.28BCa	1.23±0.48Ca	1.38±0.28ABCDbc	1.46±0.24BCa
	中部	10～20	13.55±7.93Ca	31.28±3.08BCa	1.33±0.63Ca	1.51±0.26ABCab	1.44±0.19BCa
	底部	0～10	20.32±10.47BCa	35.18±19.07BCa	1.30±0.34Ca	1.30±0.38ABCDbc	1.46±0.36BCa
	底部	10～20	12.82±2.67Ca	41.01±9.63BCa	0.95±0.22Ca	1.79±0.36Aa	1.48±0.19BCa

注：BG 代表 β-1,4-葡萄糖苷酶；ALP 代表碱性磷酸酶；NAG 代表 β-1,4-*N*-乙酰氨基葡萄糖苷酶；PPO 代表多酚氧化酶；PER 代表过氧化物酶。下同

不同发育阶段柠条灌丛堆的土壤 β-1,4-葡萄糖苷酶（BG）含量整体变化差异显著，在成熟期顶部 0～10 cm 含量最高，为 41.89 nmol/(g·h)，生长期底部 10～20 cm 含量最低，为 12.72 nmol/(g·h)。土壤 β-1,4-葡萄糖苷酶含量在空间位置上，

成熟期顶部 0～10cm 含量显著大于中部和底部 0～10 cm 含量，顶部 10～20 cm 含量显著大于底部 10～20 cm，生长期和衰退期的土壤 β-1,4-葡萄糖苷酶含量没有显著性变化。

不同发育阶段柠条灌丛堆的土壤碱性磷酸酶（ALP）含量整体变化具有显著性差异，其中成熟期顶部 10～20 cm 的碱性磷酸酶含量最高，为 67.79 nmol/(g·h)，成熟期底部 10～20 cm 的含量最低，为 29.38 nmol/(g·h)。土壤碱性磷酸酶含量在空间位置上，在成熟期 0～10 cm 和 10～20 cm 的土层中，顶部含量均大于中部和底部，生长期和衰退期的土壤碱性磷酸酶含量没有显著性变化。

不同发育阶段柠条灌丛堆的土壤 β-1,4-*N*-乙酰氨基葡萄糖苷酶（NAG）含量整体变化具有显著性差异，其中成熟期顶部 10～20 cm 的 β-1,4-*N*-乙酰氨基葡萄糖苷酶含量最高，为 4.50 nmol/(g·h)，衰退期底部 10～20 cm 的含量最低，为 0.95 nmol/(g·h)。土壤含量在空间位置上，成熟期顶部 0～10 cm 和 10～20 cm 含量显著大于中部和底部的 0～10 cm 和 10～20 cm，生长期和衰退期的土壤 β-1,4-*N*-乙酰氨基葡萄糖苷酶含量没有显著性变化。

不同发育阶段柠条灌丛堆的土壤多酚氧化酶（PPO）含量整体变化具有显著性差异，其中衰退期底部 10～20 cm 的多酚氧化酶含量最高，为 1.79 nmol/(g·h)，成熟期顶部 0～10 cm 的含量最低，为 0.91 nmol/(g·h)。土壤多酚氧化酶含量在空间位置上，成熟期底部 10～20 cm 和衰退期底部 10～20 cm 含量分别大于其顶部 10～20 cm，生长期的土壤多酚氧化酶含量没有显著性变化。

不同发育阶段柠条灌丛堆的土壤过氧化物酶（PER）含量整体变化具有显著性差异，其中成熟期底部 10～20 cm 的过氧化物酶含量最高，为 1.97 nmol/(g·h)，成熟期顶部 10～20 cm 的含量最低，为 0.96 nmol/(g·h)。土壤过氧化物酶含量在空间位置上，仅有成熟期底部 10～20 cm 大于顶部和中部的 10～20 cm，生长期和衰退期的土壤过氧化物酶含量没有显著性变化。

2.4.2　不同发育阶段柠条灌丛堆土壤酶活性与土壤理化性质的关系

皮尔逊（Pearson）相关性分析结果如表 2-8 所示。不同发育阶段柠条灌丛堆土壤有机碳（SOC）与速效磷（AP）、C/N、C/P、电导率（EC）、β-1,4-葡萄糖苷酶（BG）、β-1,4-*N*-乙酰氨基葡萄糖苷酶（NAG）和碱性磷酸酶（ALP）呈极显著正相关关系，与多酚氧化酶（PPO）和过氧化物酶（PER）呈极显著负相关关系，与 pH 呈显著负相关关系；土壤全氮（TN）分别与 N/P、C/N 呈极显著正、负相关关系，与全磷（TP）和速效磷呈显著正相关关系；土壤全磷与 C/P、N/P 和过氧化物酶呈极显著负相关关系；土壤 C/N 与 C/P、β-1,4-葡萄糖苷酶和 β-1,4-*N*-乙酰氨基葡萄糖苷酶呈极显著正相关关系，与 N/P、多酚氧化酶和过氧化物酶呈极显

表 2-8 不同发育阶段柠条灌丛堆土壤酶活性与理化因子的相关性分析

	TN	TP	C/N	C/P	N/P	AP	pH	EC	SWC	BG	ALP	NAG	PPO	PER
SOC	0.185	0.174	0.673**	0.803**	–0.035	0.523**	–0.236*	0.422**	0.078	0.597**	0.412**	0.561**	–0.630**	–0.512**
TN		0.222*	–0.577**	0.062	0.727**	0.238*	0.020	0.119	0.152	0.046	0.166	0.109	–0.028	–0.138
TP			–0.015	–0.395**	–0.475**	0.159	0.070	0.159	0.026	0.191	0.146	0.165	–0.076	–0.320**
C/N				0.615**	–0.554**	0.244*	–0.194	0.242*	–0.036	0.451**	0.209*	0.364**	–0.478**	–0.308**
C/P					0.284**	0.345**	–0.231*	0.314**	0.083	0.425**	0.274**	0.422**	–0.490**	–0.291**
N/P						0.035	–0.004	0.020	0.128	–0.140	–0.025	–0.066	0.107	0.134
AP							–0.166	0.318**	0.226*	0.414**	0.179	0.393**	–0.555**	–0.326**
pH								–0.251*	0.093	–0.219*	–0.234*	–0.211*	0.398**	0.223*
EC									0.112	0.201	0.065	0.131	–0.354**	–0.168
SWC										–0.015	0.168	0.233*	0.016	–0.081
BG											0.410**	0.656**	–0.719**	–0.553**
ALP												0.632**	–0.368**	–0.674**
NAG													–0.559**	–0.706**
PPO														0.589**

注：SOC 表示土壤有机碳；TN 表示土壤全氮；TP 表示土壤全磷；AP 表示土壤速效磷；pH 表示土壤酸碱度；C/N 表示土壤碳氮比；C/P 表示土壤碳磷比；N/P 表示土壤氮磷比；EC 表示土壤电导率；SWC 表示土壤含水量。*表示在 0.05 水平具有显著性差异，**表示在 0.01 水平具有显著性差异。下同

著负相关关系，与速效磷、电导率和碱性磷酸酶呈显著正相关关系；土壤 C/P 与 N/P、速效磷、电导率、β-1,4-葡萄糖苷酶、β-1,4-*N*-乙酰氨基葡萄糖苷酶和碱性磷酸酶呈极显著正相关关系，与多酚氧化酶和过氧化物酶呈极显著负相关关系，与 pH 呈显著负相关关系；土壤速效磷与电导率、β-1,4-葡萄糖苷酶和 β-1,4-*N*-乙酰氨基葡萄糖苷酶呈极显著正相关关系，与多酚氧化酶和过氧化物酶呈极显著负相关关系，与含水量（SWC）呈显著正相关关系；土壤 pH 与多酚氧化酶呈极显著正相关关系，与过氧化物酶呈显著正相关关系，与电导率、β-1,4-葡萄糖苷酶、碱性磷酸酶和 β-1,4-*N*-乙酰氨基葡萄糖苷酶呈显著负相关关系；土壤电导率与多酚氧化酶呈极显著负相关关系；土壤含水量与 β-1,4-*N*-乙酰氨基葡萄糖苷酶呈显著正相关关系；β-1,4-葡萄糖苷酶与 β-1,4-*N*-乙酰氨基葡萄糖苷酶和碱性磷酸酶呈极显著正相关关系，与多酚氧化酶和过氧化物酶呈极显著负相关关系；碱性磷酸酶与 β-1,4-*N*-乙酰氨基葡萄糖苷酶呈极显著正相关关系，与多酚氧化酶和过氧化物酶呈极显著负相关关系；β-1,4-*N*-乙酰氨基葡萄糖苷酶与多酚氧化酶和过氧化物酶呈极显著负相关关系；多酚氧化酶与过氧化物酶呈极显著正相关关系。

通过去趋势分析，得出 DCA 分析结果中排序轴的梯度长度小于 3，因此采用线性模型的冗余分析（RDA 图）来分析土壤碳氮磷生态化学计量与土壤理化因子之间的关系，结果如图 2-5 所示。第一轴的解释率为 31.17%，第二轴的解释率为 5.8%，前两个轴一共解释了 36.97%。利用环境因子的蒙特卡洛替换检验，确定了环境变量对生态化学计量影响结果的重要程度和显著性的排序，结果如表 2-9 所示。土壤有机碳、全氮、全磷等 10 种养分环境综合因子对生态化学计量比的影响排序依次为，土壤有机碳>土壤 pH>土壤含水量>土壤电导率>C/P>土壤速效磷＞C/N＞N/P＞土壤全氮＞土壤全磷。其中，土壤有机碳是解释率最高的影响因子，解释率为 24.8%，*P* 值为 0.002，是影响研究区土壤酶活性的主要影响因子。

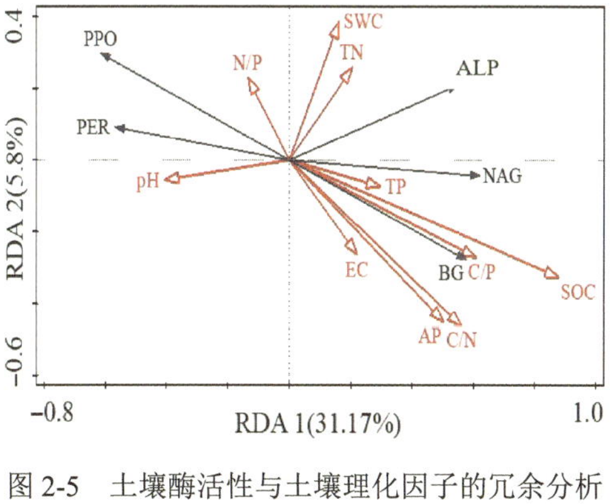

图 2-5　土壤酶活性与土壤理化因子的冗余分析

表 2-9 环境因子变量重要性排序

环境因子	重要性排序	解释率（%）	重要性 F	显著性 P
有机碳	1	24.8	29	0.002
pH	2	1.4	1.7	0.232
含水量	3	1.5	1.8	0.160
电导率	4	1.8	2.1	0.152
C/P	5	1.3	1.6	0.186
速效磷	6	1.1	1.4	0.278
C/N	7	0.7	0.9	0.418
N/P	8	1.0	1.2	0.254
总氮	9	1.2	1.5	0.206
总磷	10	2.2	2.7	0.455

2.5 总 结

2.5.1 不同发育阶段柠条灌丛堆土壤理化性质及碳氮磷生态化学计量特征

土壤是在气候、植被、地形地貌等影响因素的综合作用下形成的，并随着植被的演替而不断产生新的变化，土壤理化性质也随着植物群落的演替而逐渐改善（Peng et al.，2021）。

本研究中，不同发育阶段柠条灌丛堆土壤 pH 均表现弱碱性，且最大值出现在衰退期，最小值出现在生长期，随着发育阶段呈现先降低后升高的趋势，这与牛宋芳等（2019）的研究结果一致，可能是由于柠条根系发达，通过根系的调节作用改变了土壤的 pH。土壤电导率则有明显波动的变化，这可能与土壤和枯落物分解后产生的可溶性盐的变化有密切关系（Tao et al.，2017）。土壤含水量、有机碳、全氮和速效磷在成熟期最大，说明了随着柠条灌丛堆的发育，灌丛堆能够拦截风沙、富集养分，使灌丛堆成为“沃岛”，这与王子寅等（2022a，b）、Luo 和 Zhao（2019）、陈鸿洋等（2015）、刘学东等（2016）、潘军等（2015）的研究结果一致。

本研究中全磷含量在各发育阶段没有显著性差异，造成这种现象的主要原因是土壤磷的输入主要来源于地球化学过程和有机物的分解，但主要还是依赖于地球化学过程，如母岩的风化（Fei and Li，2021），其极低的流动性和含量主要取决于土壤基质、土壤形成过程和耕作施肥等。研究区域地处于干旱、半干旱荒漠草原，气候常年干旱少雨，其土壤母质及气候等因素变化基本相似，大多不受草原退化的影响，在较小的区域空间内分布较为均匀，因此没有显著性差异。这与董雪等（2019）的研究结果一致。

此外，本研究中垂直方向上土壤养分的显著性差异不大，可能是由于柠条作为荒漠地区植被恢复的先锋物种，具有抗旱强、耐贫瘠土壤和根系发达等特点，其根系广泛分布于 0～100 cm 土层（刘龙等，2017）。所以后续对柠条的研究采样深度还需进一步加深，不仅应该加强对柠条浅层土壤的养分研究，还需加强对柠条等豆科植物深层根系养分的研究。

土壤的碳氮磷生态化学计量比是反映土壤有机质成分和养分循环变化的一个重要指标，土壤中营养元素的比例能够反映陆地生态系统中碳氮磷等元素的循环耦合情况，并且能用于探索植物和土壤微生物如何应对和适应复杂多变的环境（Ping et al.，2021）。本研究中不同发育阶段柠条灌丛堆土壤碳氮比、碳磷比和氮磷比分别为 19.62、12.71 和 0.67，分别高于、低于、低于全国平均水平。碳氮比位于 15～30，较高的碳氮比说明研究区的土壤微生物矿化有机质的速率相对较慢，有利于有机物的积累，造成土壤氮的缺乏，这与 Tian 等（2010）研究结果一致。研究区土壤磷的有效性和矿化速率较高，有利于释放养分，能够对柠条灌丛堆的生长发育起到明显的促进作用。土壤的氮磷比既可以用来评价土壤的氮饱和度，又可以用来衡量氮磷养分的极限，一般氮磷比低于 14 就表示为氮限制，氮磷比高于 16 就表示为磷限制（樊如月等，2019）。本研究中各发育阶段及土壤土层深度的氮磷比平均值为 0.67，低于全国平均水平，说明柠条灌丛堆发育过程中土壤氮的限制大于土壤磷的限制，尽管柠条锦鸡儿属于豆科植物，具有固氮功能，但由于本研究中氮磷比远低于 14 且土壤磷的可利用性强，表明研究区土壤正处于氮素缺乏的状态，这与樊瑾等（2021）研究结果一致。

2.5.2　不同发育阶段柠条灌丛堆土壤酶活性变化特征

土壤酶活性能够反映土壤质量的变化，是评价生态功能的重要指标（Tao et al.，2023）。本研究中，β-1,4-葡萄糖苷酶、碱性磷酸酶、β-1,4-*N*-乙酰氨基葡萄糖苷酶和过氧化物酶均在成熟期最大，说明由于枯落物的分解和代谢旺盛，成熟期能够提高纤维素的代谢、土壤有机磷的转化以及过氧化氢的酶促水解，从而促进生长，这与刘秉儒等（2019）、王雅等（2018）、许亚东等（2018）、闫丽娟等（2019）研究结果一致。而由于衰退期鼠害现象、外界胁迫等影响加剧，柠条分泌更多的多酚氧化酶形成物理屏障，起到保护植物的作用，这可能是衰退期多酚氧化酶含量最高的原因（王馨雨等，2020）。相关性分析结果显示 β-1,4-葡萄糖苷酶、碱性磷酸酶、β-1,4-*N*-乙酰氨基葡萄糖苷酶、多酚氧化酶和过氧化物酶与土壤养分之间具有显著相关性，表明研究区的土壤酶活性与土壤养分循环、物质流动和能量转换等生物地球化学循环的关系极为密切（许亚东等，2018）。同时β-1,4-葡萄糖苷酶、碱性磷酸酶、β-1,4-*N*-乙酰氨基葡萄糖苷酶、多酚氧化酶和过氧化物酶5种酶之间也表现出极强的相关性，说明土壤酶进行反应时，不仅存在专一性，还存在共性，相互影响各种酶促反应（王倩等，2015）。

参 考 文 献

陈鸿洋, 尚振艳, 傅华, 等. 2015. 荒漠区不同大小灌丛周围土壤微生物生物量及活性特征. 草业学报, 24(2): 70-76.

董雪, 郝玉光, 辛智鸣, 等. 2019. 科尔沁沙地4种典型灌木灌丛下土壤碳、氮、磷化学计量特征. 西北植物学报, 39(1): 164-172.

樊瑾, 李诗瑶, 余海龙, 等. 2021. 毛乌素沙地不同类型生物结皮与下层土壤酶活性及土壤碳氮磷化学计量特征. 中国沙漠, 41(4): 109-120.

樊如月, 李青丰, 贺一鸣, 等. 2019. 农牧交错区小叶锦鸡儿(*Caragana microphylla*)人工灌木林土壤碳氮磷化学计量特征. 土壤通报, 50(2): 437-443.

刘秉儒, 牛宋芳, 张文文. 生态学报. 2019. 荒漠草原区土壤粒径组成对柠条根际土壤微生物数量及酶活性的影响. 39(24): 9171-9178.

刘龙, 姚云峰, 郭月峰, 等. 2017. 农牧交错带柠条锦鸡儿根系与土壤水分空间关系研究. 中国农业科技导报, 19(7): 101-107.

刘学东, 陈林, 杨新国, 等. 2016. 荒漠草原2种柠条(*Caragana korshinskii*)和油蒿(*Artemisia ordosica*)灌丛土壤养分"肥岛"效应. 西北林学院学报, 31(4): 26-32+92.

牛宋芳, 刘秉儒, 张文文, 等. 2019. 荒漠草原不同土壤类型柠条根际土壤养分与土壤颗粒分布特征研究. 西北林学院学报, 34(1): 25-30.

潘军, 安超平, 吴旭东, 等. 2015. 荒漠草原2种锦鸡儿灌丛化过程中土壤养分分布规律. 水土保持学报, 29(6): 131-136.

王倩, 安贵阳, 李世芳, 等. 2015. 不同覆盖模式对旱地苹果园土壤养分、微生物和酶活性的影响. 西北农业学报, 24(7): 69-74.

王馨雨, 杨绿竹, 王婷, 等. 2020. 植物多酚氧化酶的生理功能、分离纯化及酶促褐变控制的研究进展. 食品科学, 41(09): 222-237.

王雅, 刘爽, 郭晋丽, 等. 2018. 黄土高原不同植被类型对土壤养分、酶活性及微生物的影响. 水土保持通报, 38(1): 62-68.

王子寅, 刘秉儒, 李子豪, 等. 2022a. 荒漠草原柠条灌丛堆不同发育阶段土壤细菌群落结构特征. 生物技术通报, 38(7): 205-214.

王子寅, 刘秉儒, 牟红霞, 等. 2022b. 荒漠草原不同发育阶段柠条灌丛堆土壤真菌群落多样性特征研究. 干旱地区农业研究, 40(3): 218-227.

王子寅, 刘秉儒, 李子豪, 等. 2023. 不同发育阶段柠条灌丛堆土壤生态化学计量学特征. 中国草地学报, 45(05): 9-19.

熊小刚, 韩兴国. 2005. 内蒙古半干旱草原灌丛化过程中小叶锦鸡儿引起的土壤碳、氮资源空间异质性分布. 生态学报, 25(7): 1678-1683.

许亚东, 王涛, 李慧, 等. 2018. 黄土丘陵区人工柠条林土壤酶活性与养分变化特征. 草地学报,

26(2): 363-370.
闫丽娟, 王海燕, 李广, 等. 2019. 黄土丘陵区 4 种典型植被对土壤养分及酶活性的影响. 水土保持学报, 33(5): 190-196+204.
Fei W Z, Li Z F. 2021. Impact of vegetation succession on leaf-litter-soil C: N: P stoichiometry and their intrinsic relationship in the Ziwuling Area of China's Loess Platea. Journal of Forestry Research, 32(2): 697-711.
Luo W C, Zhao W Z. 2019. Adventitious roots are key to the development of nebkhas in extremely arid regions. Plant and Soil, 442(1): 471-482.
Peng X H, Tamura K, Asano M, et al. 2021. Changes in soil physical and chemical properties during vegetation succession on Miyake-jima Island. Forests, 12(11): 1435.
Ping M W, Hou D Q, Qing R Q, et al. 2021. Ecological stoichiometric characteristics of soil-moss C, N, and P in restoration stages of karst rocky desertification. PloS One, 16(6): e0252838.
Tao K L, Tian H X, Wang Z Q, et al. 2023. Ecotoxicity of parathion during its dissipation mirrored by soil enzyme activity, microbial biomass and basal respiration. Chemosphere, 311: 137116.
Tao W S, Qian F, Peng Z Y, et al. 2017. Dynamic changes in water and salinity in saline-alkali soils after simulated irrigation and leaching. PloS One, 12(11): e0187536.
Tian H Q, Chen G S, Zhang C, et al. 2010. Pattern and variation of C: N: P ratios in China's soils: a synthesis of observational data. Biogeochemistry, 98(1): 139-151.

第 3 章　荒漠草原沙化区不同发育阶段柠条灌丛堆土壤细菌群落结构及多样性分析

3.1　不同发育阶段柠条灌丛堆土壤细菌群落测序结果分析

通过对宁夏盐池县荒漠草原不同发育阶段柠条灌丛堆土壤细菌进行高通量测序，结果如表 3-1 所示。所有测序样本共得到序列数 1 128 067 条，平均每个样本序列数为 62 670 条，共得到 285 697 186 bp 的碱基数，平均序列长度为 253 bp，平均最短序列长度为 208 bp，平均最长序列长度为 316 bp。在 97%的相似性水平下对非重复序列进行操作分类单元（OTU）聚类，一共检测出 3286 个 OTU，对其进行分类学物种注释，不同发育阶段柠条灌丛堆土壤细菌所有样本注释到的物种分别属于 32 门，84 纲，182 目，281 科，518 属，1052 种。

表 3-1　样品测序数据信息统计表

发育阶段	灌丛堆位置	土层深度（cm）	序列数（条）	碱基数（bp）	平均序列长度（bp）	最短序列长度（bp）	最长序列长度（bp）
生长期	顶部	0～10	71 695	18 154 792	253	203	317
	顶部	10～20	70 550	17 868 907	253	212	318
	中部	0～10	69 741	17 659 387	253	206	319
	中部	10～20	71 294	18 060 359	253	206	328
	底部	0～10	65 197	16 509 915	253	205	319
	底部	10～20	69 913	17 709 160	253	210	325
成熟期	顶部	0～10	66 411	16 812 513	253	206	322
	顶部	10～20	65 332	16 542 311	253	202	320
	中部	0～10	67 904	17 195 611	253	206	312
	中部	10～20	66 204	16 768 866	253	212	315
	底部	0～10	57 300	14 511 735	253	207	299
	底部	10～20	50 228	12 723 827	253	207	312
衰退期	顶部	0～10	56 825	14 393 817	253	207	299
	顶部	10～20	59 275	15 002 368	253	214	309
	中部	0～10	64 905	16 442 348	253	207	312
	中部	10～20	59 634	15 110 614	253	214	319
	底部	0～10	52 605	13 322 637	253	209	320
	底部	10～20	43 054	10 908 019	253	209	319
	平均值		62 670	15 872 066	253	208	316
	总值		1 128 067	285 697 186	4 554	3 742	5 684

3.2　不同发育阶段柠条灌丛堆土壤细菌群落运算分类单元分析

对柠条灌丛堆土壤各样品测序得到的细菌 OTU 如图 3-1 所示。结果表明，生长期、成熟期和衰退期土壤 OTU 数分别为 8848 个、8696 个和 8493 个；生长期顶部 0～10 cm、生长期中部 0～10 cm、生长期底部 0～10 cm、生长期顶部 10～20 cm、生长期中部 10～20 cm、生长期底部 10～20 cm 土壤 OTU 数分别为 4000 个、4006 个、3851 个、3540 个、3472 个、3527 个；成熟期顶部 0～10 cm、成熟期中部 0～10 cm、成熟期底部 0～10 cm、成熟期顶部 10～20 cm、成熟期中部 10～20 cm、成熟期底部 10～20 cm 土壤 OTU 数分别为 3897 个、3885 个、3845 个、3720 个、3468 个、3429 个；衰退期顶部 0～10 cm、衰退期中部 0～10 cm、衰退期底部 0～10 cm、衰退期顶部 10～20 cm、衰退期中部 10～20 cm、衰退期底部 10～20 cm 土壤 OTU 数分别为 3862 个、3873 个、3961 个、3547 个、3403 个、3195 个；不同发育阶段不同位置的 0～10 cm 和 10～20 cm 土壤共有 OTU 数分别为 3601 个和 3173 个。生长期 0～10 cm 土壤 OTU 数大于 10～20 cm 土壤 OTU 数，成熟期 10～20 cm 土壤 OTU 数大于 0～10 cm 土壤 OTU 数。

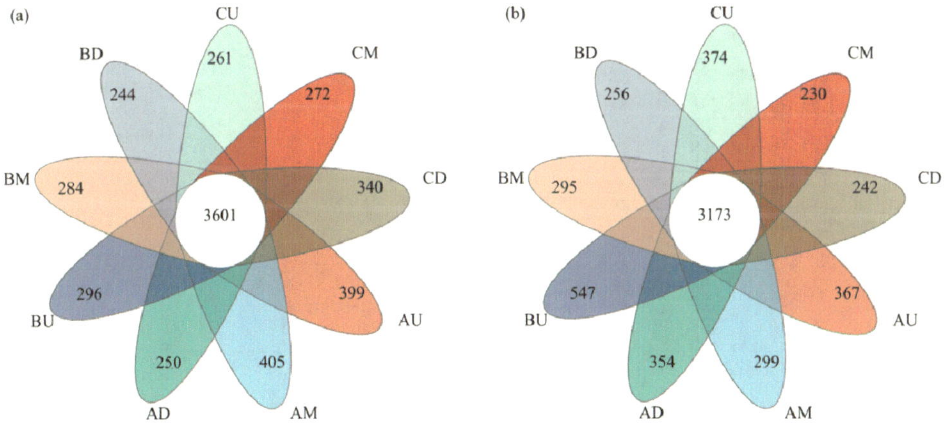

图 3-1　不同发育阶段柠条灌丛堆土壤细菌群落 Venn 图

（a）代表 0～10 cm 土层土壤，（b）代表 10～20 cm 土层土壤；A 代表生长期，B 代表成熟期，C 代表衰退期；U 代表顶部，M 代表中部，D 代表底部。下同

3.3 不同发育阶段柠条灌丛堆土壤细菌群落组成分析

3.3.1 门水平土壤细菌群落组成分析

不同发育阶段柠条灌丛堆土壤细菌门水平组成相对丰度如图 3-2 所示。在细菌门水平上，将细菌相对丰度低于 2%合并为其他，丰度排名前 10 的菌门分别是放线菌门（Actinobacteria）、变形菌门（Proteobacteria）、酸杆菌门（Acidobacteria）、绿弯菌门（Chloroflexi）、泉古菌门（Crenarchaeota）、芽单胞菌门（Gemmatimonadetes）、浮霉菌门（Planctomycetota）、黏球菌门（Myxococcota）、拟杆菌门（Bacteroidetes）、厚壁菌门（Firmicutes），占细菌总丰度的 93.09%～96.18%。其中丰度占比大于 5%的门有放线菌门，丰度范围是 26.41%～33.45%，均值为 28.99%；变形菌门，丰度范围是 13.65%～21.36%，均值为 17.19%；酸杆菌门，丰度范围是 10.11%～14.77%，均值为 12.78%；绿弯菌门，丰度范围是 8.11%～11.77%，均值为 10.37%；泉古菌门，丰度范围是 6.29%～9.73%，均值为 7.8%；芽单胞菌门，丰度范围是 4.25%～6.63%，均值为 5.46%；浮霉菌门，丰度范围是 4%～5.71%，均值为 5%。

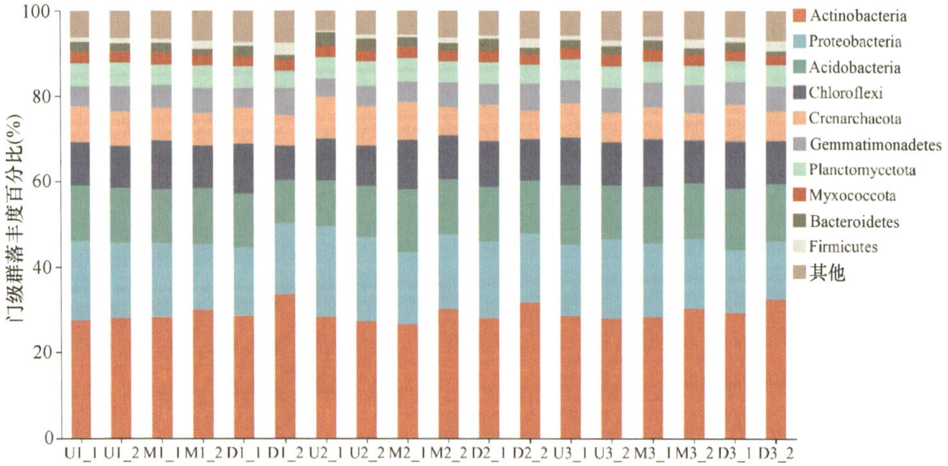

图 3-2 不同发育阶段柠条灌丛堆土壤细菌群落门水平组成

U 代表顶部，M 代表中部，D 代表底部，1_1 代表生长期 0～10 cm 土层土壤，1_2 代表生长期 10～20 cm 土层土壤，2_1 代表成熟期 0～10 cm 土层土壤，2_2 代表成熟期 10～20 cm 土层土壤，3_1 代表衰退期 0～10 cm 土层土壤，3_2 代表衰退期 10～20 cm 土层土壤。下同

不同发育阶段柠条灌丛堆土壤细菌门类几乎一致，其中放线菌门、变形菌门、酸杆菌门、绿弯菌门是优势菌门，约占细菌总数的 70%。成熟期中部 0～10 cm 土壤所属放线菌门的细菌数量最低，约占 26.41%，生长期底部 10～20 cm 土壤所属放线菌门的细菌数量最高，约占 33.45%；衰退期底部 10～20 cm 土壤所属变形菌

门的细菌数量最低，约占 13.65%，生长期顶部 0～10 cm 土壤所属放线菌门的细菌数量最高，约占 21.36%；生长期底部 10～20 cm 土壤所属酸杆菌门的细菌数量最低，约占 10.11%，成熟期中部 0～10 cm 土壤所属酸杆菌门的细菌数量最高，约占 14.77%；生长期底部 10～20 cm 土壤所属绿弯菌门的细菌数量最低，约占 10.11%，生长期中部 0～10 cm 土壤所属绿弯菌门的细菌数量最高，约占 11.77%。

在门分类水平上，不同发育阶段柠条灌丛堆土壤细菌门类的种数差异不大，仅在各门类的丰度上有所差异，放线菌门表现为生长期＞衰退期＞成熟期，变形菌门表现为成熟期＞生长期＞衰退期。柠条灌丛堆在不同发育阶段和不同空间位置上所含细菌门类的丰度同样存在显著差异，生长期、成熟期和衰退期放线菌门均表现为顶部大于中部和底部；成熟期变形菌门的顶部、中部和底部均表现为大于生长期和衰退期的顶部、中部和底部。同时，不同发育阶段柠条灌丛堆土壤细菌优势菌门相对丰度热图如图 3-3 所示，土壤细菌门类的相对丰度在不同发育阶段下差异显著，且各门类的差异性各有不同。

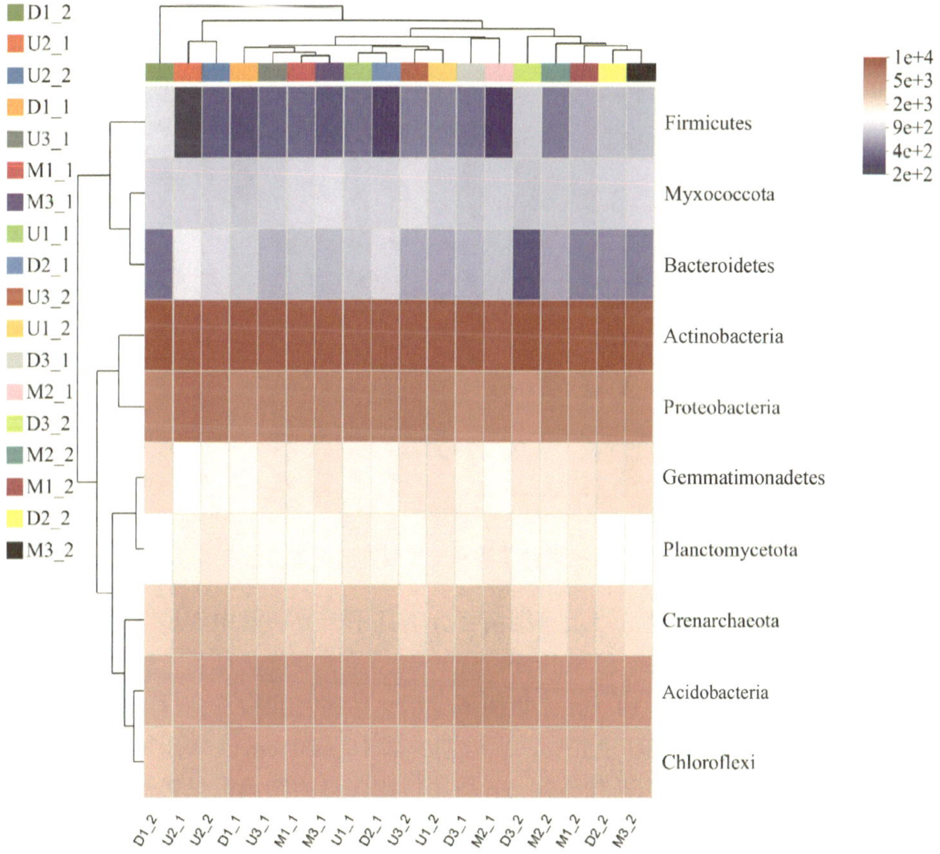

图 3-3　不同发育阶段柠条灌丛堆土壤细菌优势菌门相对丰度热图

3.3.2 目水平土壤细菌群落组成分析

不同发育阶段柠条灌丛堆土壤细菌目水平相对丰度如图 3-4 所示。在细菌目水平上，将细菌相对丰度低于 2%合并为其他，研究区目水平下的细菌主要是亚硝化球菌目（Nitrososphaerales）、根瘤菌目（Rhizobiales）、Vicinamibacterales、Solirubrobacterales、芽单胞菌目（Gemmatimonadales）、Gaiellales、伯克氏菌目（Burkholderiales）、Pyrinomonadales、红色杆菌目（Rubrobacterales）、norank_c__MB-A2-108、微球菌目（Micrococcales）、热微菌目（Thermomicrobiales）、丙酸杆菌目（Propionibacteriales），占细菌总丰度的 51.75%～55.95%。丰度大于 5%的菌目分别是亚硝化球菌目，丰度范围是 6.29%～9.73%，均值为 7.8%；根瘤菌目，丰度范围是 6.13%～9.13%，均值为 7.41%；Vicinamibacterales，丰度范围是 4.65%～7.43%，均值为 6.15%；Solirubrobacterales，丰度范围是 4.35%～6.91%，均值为 5.6%。

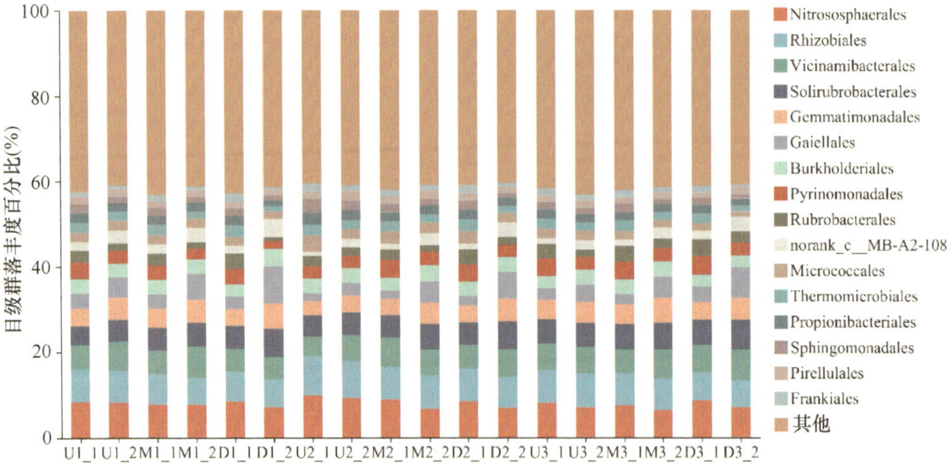

图 3-4　不同发育阶段柠条灌丛堆土壤细菌群落目水平组成

不同发育阶段柠条灌丛堆土壤细菌目分类几乎一致，其中亚硝化球菌目、根瘤菌目、Vicinamibacterales 和 Solirubrobacterales 是主要优势菌目，约占细菌总数的 30%。成熟期顶部 0～10 cm 土壤所属亚硝化球菌目和根瘤菌目的细菌数量最高，分别大约占比 9.73%和 9.13%，衰退期中部 10～20 cm 土壤所属亚硝化球菌目的细菌数量和衰退期底部 10～20 cm 所属根瘤菌目的细菌数量最低，分别大约占比 6.29%和 6.13%；生长期中部 10～20 cm 土壤所属 Vicinamibacterales 的细菌数量最高，约占 7.43%，成熟期顶部 0～10 cm 土壤所属 Vicinamibacterales 的细菌数量最低，约占 4.65%；衰退期底部 10～20 cm 土壤所属 Solirubrobacterales 的细菌数量最高，约占 6.91%，生长期顶部 0～10 cm 土壤所属 Solirubrobacterales 的细菌数量最低，约占 4.35%。

3.3.3　属水平土壤细菌群落组成分析

不同发育阶段柠条灌丛堆土壤细菌属水平相对丰度如图 3-5 所示。在细菌属水平上，将细菌相对丰度低于 2%合并为其他，相对丰度大于 2%的菌属一共注释到 15 个属，分别是 norank_f__Nitrososphaeraceae，丰度范围为 3.49%～5.39%，均值为 4.45%；norank_f__Gemmatimonadaceae，丰度范围为 2.3%～4.98%，均值为 3.48%；RB41，丰度范围为 1.66%～4.32%，均值为 3.29%；norank_f__norank_o__Vicinamibacterales，丰度范围为 2.18%～3.65%，均值为 2.94%；norank_f__67-14，丰度范围为 2.2%～4%，均值为 2.86%；norank_f__Vicinamibacteraceae，丰度范围为 2.18%～3.29%，均值为 2.78%；norank_f__norank_o__Gaiellales，丰度范围为 1.05%～5.86%，均值为 2.76%；*Candidatus*_Nitrocosmicus，丰度范围为 0.75%～5.84%，均值为 2.62%；红色杆菌属（*Rubrobacter*），丰度范围为 0.97%～4.08%，均值为 2.54%；norank_f__norank_o__norank_c__MB-A2-108，丰度范围为 0.91%～4.33%，均值为 2.34%；norank_f__JG30-KF-CM45，丰度范围为 1.03%～2.6%，均值为 1.96%；*Solirubrobacter*，丰度范围为 1.35%～2.21%，均值为 1.76%；*Arthrobacter*，丰度范围为 0.66%～2.56%，均值为 1.48%；*Gaiella*，丰度范围为 0.73%-2.81%，均值为 1.36%；*Microvirga*，丰度范围为 0.61%～2.05%，均值为 1.32%。norank_f__Nitrososphaeraceae、norank_f__Gemmatimonadaceae、RB41、norank_f__norank_o__Vicinamibacterales、norank_f__67-14、norank_f__Vicinamibacteraceae、

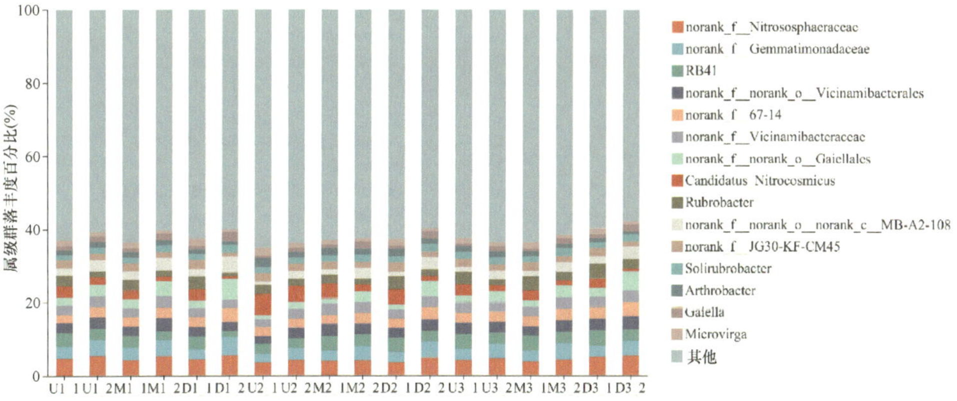

图 3-5　不同发育阶段柠条灌丛堆土壤细菌群落属水平组成

norank_f__norank_o__Gaiellales 在不同发育阶段柠条灌丛堆土壤细菌菌属中相对丰度排名前七，是主要的优势菌属，平均总丰度为22.57%。15个属中有9个属以*norank*作为标记，即到目前为止还没有科学名称，属分类水平上含有大量未命名细菌，说明在柠条灌丛堆土壤细菌属水平的分类上还需要做进一步的研究。生长期、成熟期和衰退期的柠条灌丛堆 10～20cm 土壤土层细菌 norank_f__Gemmatimonadaceae 和 norank_f__67-14 数量分别大于 0～10cm 土壤土层细菌 norank_f__Gemmatimonadaceae 数量和 norank_f__67-14 数量，生长期、成熟期和衰退期的柠条灌丛堆 0～10cm 土壤土层细菌 RB41 大于 10～20cm 土壤土层细菌 RB41 数量。

同时，不同发育阶段柠条灌丛堆土壤细菌优势菌属相对丰度热图如图 3-6 所示，土壤细菌属分类水平上，占比排序前 20 的优势菌属相对丰度在不同发育阶段下差异显著，且差异性各不相同。

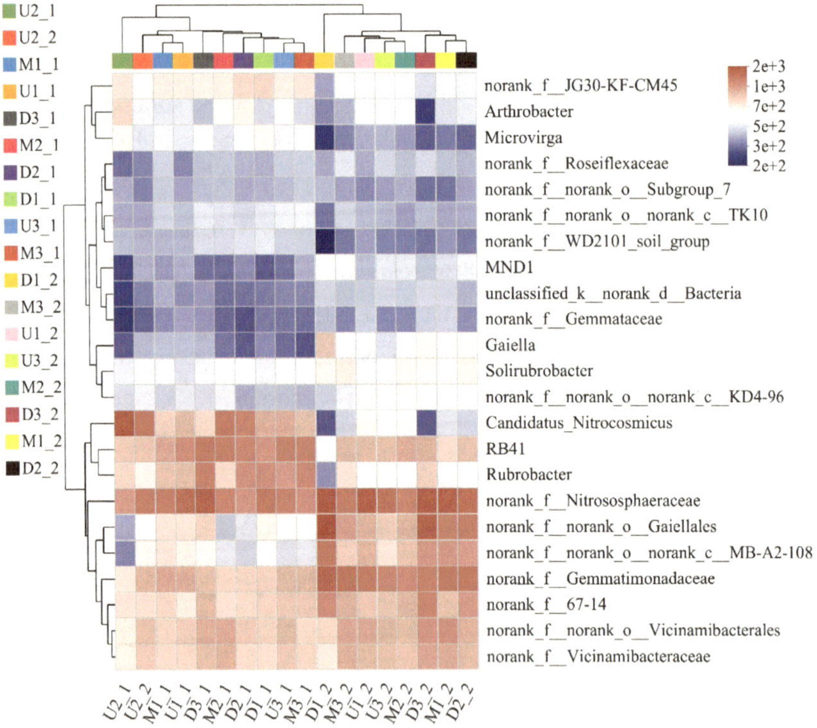

图 3-6 不同发育阶段柠条灌丛堆土壤细菌优势菌属相对丰度热图

3.4　不同发育阶段柠条灌丛堆土壤细菌群落多样性分析

3.4.1　不同发育阶段柠条灌丛堆土壤细菌群落的物种多样性分析

稀释曲线是生态学领域常用的方法之一，通过不同测序深度测定样本微生物多样性指数（包括 α 多样性：Sobs 指数、Ace 指数、Chao1 指数、Shannon 指数、Coverage 指数，以及 β 多样性），以此反映各样本在不同测序数量时的微生物多样性（王子寅等，2022）。稀释曲线可以比较测序样本中物种的丰度或多样性，同时也可以判断样本数据量是否合理（戴良香等，2022）。宁夏盐池荒漠草原不同发育阶段柠条灌丛堆土壤样本细菌 OTU 稀释曲线如图 3-7 所示，所有样品抽取序列条数均在 30 000 条以上，且随着测序序列的增加，曲线已经逐渐趋于平缓，说明本次研究土壤样本的测序数量达到标准，数据量足够大且数据合理充分，能够准确地反映研究区土壤样本绝大多数细菌的物种多样性。

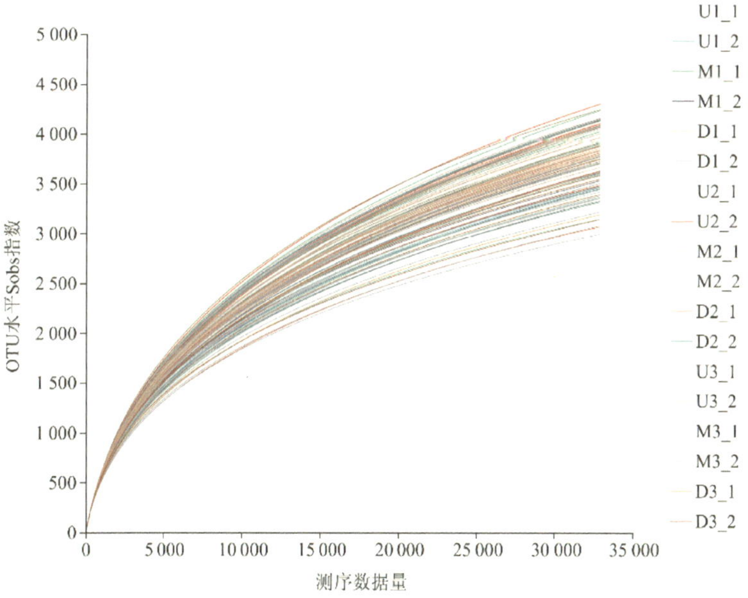

图 3-7　土壤细菌 OTU 稀释曲线

3.4.2　不同发育阶段柠条灌丛堆土壤细菌群落 α 多样性分析

Sobs 指数、Ace 指数和 Chao1 指数反映群落的丰度，Shannon 指数反映群落的多样性，Coverage 指数则反映群落的覆盖度（Wang et al.，2020）。不同发育阶段柠条灌丛堆的土壤细菌群落 α 多样性有显著性差异，结果如表 3-2 所示。

表 3-2 土壤细菌群落 α 多样性分析

发育阶段	灌丛堆位置	土层深度（cm）	Sobs 指数	Shannon 指数	Ace 指数	Chao1 指数	覆盖度（%）
生长期	顶部	0～10	3835.20±446.52ABCa	6.82±0.13ABCa	5859.02±973.63ABCa	5601.15±732.32ABCDa	95.43±0.64ABCDb
	顶部	10～20	3735.40±250.10ABCa	6.86±0.08ABCa	5851.93±606.20ABCa	5463.75±391.72ABCDa	95.61±0.34BCDb
	中部	0～10	3956.40±366.81Aa	6.95±0.14Aa	5995.20±794.87ABa	5805.70±651.20Aa	95.33±0.55Db
	中部	10～20	3560.2±208.87BCDab	6.83±0.06ABCa	5486.26±353.21ABCa	5143.46±307.70BCDEab	95.90±0.26ABCDab
	底部	0～10	3819.20±131.82ABCa	6.84±0.05ABCa	5767.25±322.27ABCa	5572.71±162.47ABCDa	95.51±0.17ABCDb
	底部	10～20	3230.60±205.89Db	6.66±0.08Db	5034.17±732.32Da	4731.72±360.27Eb	96.29±0.31Aa
成熟期	顶部	0～10	3795.00±221.13ABCab	6.77±0.17CDab	5768.72±455.64ABCa	5608.56±275.08ABCDab	95.48±0.28ABCDab
	顶部	10～20	3868.60±342.11ABa	6.85±0.16ABCab	5862.05±592.25ABCa	5615.69±602.99ABCDab	95.43±0.52ABCDab
	中部	0～10	3999.20±152.21Aa	6.93±0.08ABa	5770.95±190.96ABCa	5761.61±152.28ABa	95.37±0.17CDb
	中部	10～20	3699.40±294.22ABCab	6.85±0.07ABCab	6082.71±1119.09ABa	5499.16±561.32ABCDab	95.60±0.53BCDab
	底部	0～10	3892.20±127.36ABa	6.85±0.10ABCab	5674.14±170.93ABCa	5589.69±139.54ABCDab	95.46±0.13ABCDab
	底部	10～20	3479.40±229.56CDb	6.76±0.09CDb	5450.37±649.20ABCa	5101.06±478.31CDEb	95.93±0.41ABCa
衰退期	顶部	0～10	3904.60±301.31ABa	6.90±0.07ABCab	5841.14±529.03ABCab	5650.82±479.59ABCDa	95.46±0.43ABCDb
	顶部	10～20	3814.60±155.16ABCab	6.90±0.04ABCab	6234.55±534.03Aa	5675.27±279.33ABCDa	95.44±0.25ABCDb
	中部	0～10	3957.80±191.45Aa	6.94±0.08ABa	5988.10±648.07ABab	5737.64±334.65ABCa	95.38±0.30CDb
	中部	10～20	3485.60±179.19CDb	6.79±0.07BCDbc	5216.09±429.10BCb	5103.70±257.64CDEb	96.00±0.25ABa
	底部	0～10	3752.40±331.19ABCab	6.82±0.14ABCabc	5703.70±777.85ABCab	5462.56±560.56ABCDab	95.59±0.48BCDab
	底部	10～20	3482.60±227.52CDb	6.75±0.06CDc	5236.38±250.86BCb	5025.72±334.69DEb	95.97±0.35ABa

Sobs 指数在成熟期中部 0～10 cm 最大，在生长期底部 10～20 cm 最小；Shannon 指数在生长期中部 0～10 cm 最大，在生长期底部 10～20 cm 最小；Ace

指数在衰退期顶部 10～20 cm 最大，在生长期底部 10～20 cm 最小；Chao1 指数在生长期中部 0～10 cm 最大，在生长期底部 10～20 cm 最小。

柠条灌丛堆生长期顶部和成熟期顶部 10～20 cm 的 Sobs 指数大于其底部 10～20 cm 的 Sobs 指数。生长期顶部和中部 10～20 cm 的 Shannon 指数大于底部 10～20 cm 的 Shannon 指数；衰退期顶部 10～20 cm 的 Shannon 指数大于底部 10～20 cm 的 Shannon 指数。衰退期顶部 10～20 cm 的 Ace 指数大于中部和底部 10～20 cm 的 Ace 指数。生长期顶部 10～20 cm 的 Chao1 指数大于底部 10～20 cm 的 Shannon 指数；衰退期顶部 10～20 cm 的 Chao1 指数大于中部和底部 10～20 cm 的 Chao1 指数。垂直方向上整体则表现为 0～10 cm 的丰度和多样性大于 10～20 cm 的丰度和多样性。

通过覆盖度指数得知，不同发育阶段柠条灌丛堆的测序深度在 95%左右，说明本次研究区域样本的测序数据可信度较高，能够真实反映研究区土壤细菌的情况。

3.4.3　不同发育阶段柠条灌丛堆土壤细菌群落 β 多样性分析

通过使用 Qiime 软件的 bray_curtis 算法对不同发育阶段柠条灌丛堆土壤细菌 OTU 进行 β 多样性分析，用于比较样本间细菌的多样性。结果如图 3-8 所示，stress 值为 0.111，小于 0.2，说明此次的非度量多维标定法（NMDS）分析可靠性较高，具有一定解释意义。但从图中可以看出，生长期、成熟期和衰退期三个发育阶段各采样点较为集中，说明其细菌群落多样性的相似性较高。

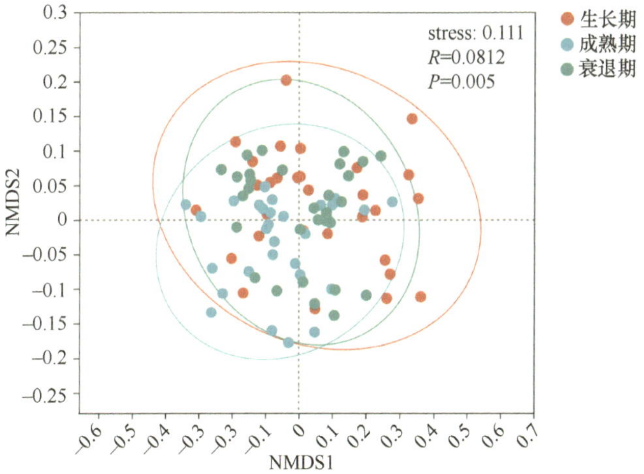

图 3-8　土壤细菌非度量多维标定法（NMDS）分析图

3.5 不同发育阶段柠条灌丛堆土壤细菌群落组成和多样性影响因子分析

3.5.1 不同发育阶段柠条灌丛堆土壤细菌群落组成影响因子分析

通过对门水平上相对丰度排名前 10 的不同发育阶段柠条灌丛堆土壤细菌群落组成与土壤环境因子及酶活性进行 Pearson 相关性分析，结果如图 3-9 所示。放线菌门（Actinobacteria）与过氧化物酶（PER）呈显著正相关（$P<0.05$），与多酚氧化酶（PPO）呈极显著正相关（$P<0.01$），与 β-1,4-葡萄糖苷酶（BG）和 C/P 呈显著负相关（$P<0.05$），与土壤有机碳（SOC）和速效磷（AP）呈极显著负相关（$P<0.01$）；芽单胞菌门（Gemmatimonadetes）与多酚氧化酶和过氧化物酶呈极显著正相关（$P<0.01$），与全氮（TN）和全磷（TP）呈显著负相关（$P<0.05$），与速效磷、β-1,4-葡萄糖苷酶、有机碳和 β-1,4-*N*-乙酰氨基葡萄糖苷酶（NAG）呈极显著负相关（$P<0.01$）；厚壁菌门（Firmicutes）与多酚氧化酶和过氧化物酶呈极显著正相关（$P<0.01$），与全氮呈显著负相关（$P<0.05$），与速效磷、β-1,4-葡萄糖苷酶、有机碳、β-1,4-*N*-乙酰氨基葡萄糖苷酶和 C/P 呈极显著负相关（$P<0.01$）；变形菌门（Proteobacteria）与碱性磷酸酶（ALP）呈显著正相关（$P<0.05$），与速

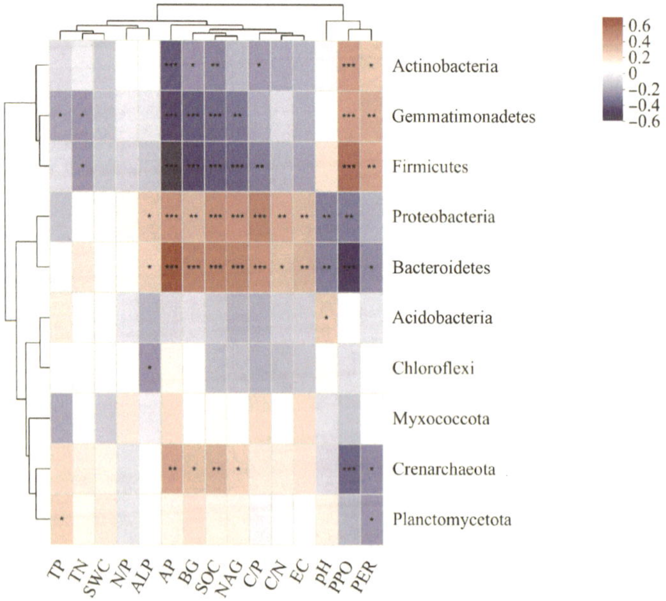

图 3-9 门水平土壤细菌群落丰度与环境因子相关性热图

效磷、β-1,4-葡萄糖苷酶、有机碳、β-1,4-*N*-乙酰氨基葡萄糖苷酶、C/P、C/N 和电导率（EC）呈极显著正相关（$P<0.01$），与 pH 和多酚氧化酶显极显著负相关（$P<0.01$）；拟杆菌门（Bacteroidetes）与碱性磷酸酶和 C/N 呈显著正相关（$P<0.05$），与速效磷、β-1,4-葡萄糖苷酶、有机碳、β-1,4-*N*-乙酰氨基葡萄糖苷酶、C/P 和电导率呈极显著正相关（$P<0.01$），与过氧化物酶呈显著负相关（$P<0.05$），与 pH 和多酚氧化酶显极著负相关（$P<0.01$）；酸杆菌门（Acidobacteria）仅与 pH 呈显著正相关（$P<0.05$）；绿弯菌门（Chloroflexi）仅与碱性磷酸酶呈显著负相关（$P<0.05$）；泉古菌门（Crenarchaeota）与 β-1,4-葡萄糖苷酶和 β-1,4-*N*-乙酰氨基葡萄糖苷酶呈显著正相关（$P<0.05$），与速效磷和有机碳呈极显著正相关（$P<0.01$），与过氧化物酶呈显著负相关（$P<0.05$），与多酚氧化酶极显著负相关（$P<0.01$）；浮霉菌门（Planctomycetota）与全氮和过氧化物酶分别呈显著正、负相关（$P<0.05$）；黏球菌门（Myxococcota）与所有环境因子都没有显著相关性。

为进一步加强说明细菌群落组成与土壤环境因子之间的相关性，在属水平上也做了同门水平一样的分析，结果如图 3-10 所示。影响相对丰度较高细菌属水平的重要土壤环境因子与土壤细菌门的表现性是一致的。*Solirubrobacter* 仅与土壤有机碳呈显著负相关（$P<0.05$）；norank_f__norank_o__Vicinamibacterales 仅与 pH 和速效磷分别呈显著正、负相关（$P<0.05$）；norank_f__Vicinamibacteraceae 仅与 pH 呈显著正相关（$P<0.05$）；norank_f__norank_o__norank_c__TK10 和 RB41 仅与碱性磷酸酶分别呈显著、极显著负相关（$P<0.01$，$P<0.05$）；*Rubrobacter* 仅与速效磷和碱性磷酸酶分别呈显著正、负相关（$P<0.05$）；norank_f__norank_o__norank_c__KD4-96 与多酚氧化酶和全磷呈显著正相关（$P<0.05$），与速效磷和 C/P 呈极显著负相关（$P<0.01$）；norank_f__Nitrososphaeraceae 与 β-1,4-葡萄糖苷酶呈显著负相关（$P<0.05$），与速效磷和 β-1,4-*N*-乙酰氨基葡萄糖苷酶呈极显著负相关（$P<0.01$）；norank_f__67-14 与多酚氧化酶呈显著正相关（$P<0.05$），与有机碳呈显著负相关（$P<0.05$），与速效磷呈极显著负相关（$P<0.01$）；norank_f__Roseiflexaceae 与多酚氧化酶呈显著正相关（$P<0.05$），与过氧化物酶和 N/P 呈极显著正相关（$P<0.01$），与全磷和 C/P 呈显著负相关（$P<0.05$），与碱性磷酸酶、速效磷、β-1,4-葡萄糖苷酶、有机碳、β-1,4-*N*-乙酰氨基葡萄糖苷酶和 C/N 呈极显著负相关（$P<0.01$）；norank_f__Gemmatimonadaceae 与多酚氧化酶和过氧化物酶呈极显著正相关（$P<0.01$），与 β-1,4-*N*-乙酰氨基葡萄糖苷酶呈显著负相关（$P<0.05$），与速效磷、β-1,4-葡萄糖苷酶和有机碳呈极显著负相关（$P<0.01$）；*MND1* 与过氧化物酶呈显著正相关（$P<0.05$），与多酚氧化酶呈极显著正相关（$P<0.01$），与速效磷、β-1,4-葡萄糖苷酶和有机碳呈极显著负相关（$P<0.01$）；norank_f__norank_o__norank_c__MB-A2-108 与 pH 呈显著正相关（$P<0.05$），与多酚氧化酶呈极显著正相关（$P<0.01$），与 C/N 呈显著负相关（$P<0.05$），与全

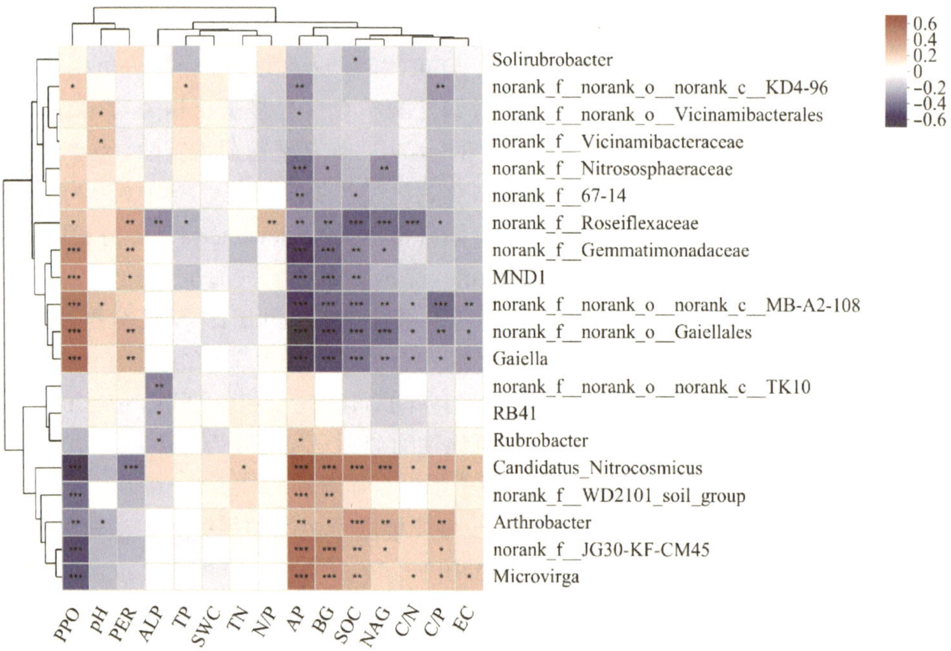

图 3-10 属水平土壤细菌群落丰度与环境因子相关性热图

磷、β-1,4-葡萄糖苷酶、有机碳、β-1,4-*N*-乙酰氨基葡萄糖苷酶、C/P 和电导率呈极显著负相关（$P<0.01$）；norank_f__norank_o__Gaiellales 与多酚氧化酶和过氧化物酶呈极显著正相关（$P<0.01$），与 C/N 和电导率呈显著负相关（$P<0.05$），与全磷、β-1,4-葡萄糖苷酶、有机碳、β-1,4-*N*-乙酰氨基葡萄糖苷酶和 C/P 呈极显著负相关（$P<0.01$）；*Gaiella* 与多酚氧化酶和过氧化物酶呈极显著正相关（$P<0.01$），与 C/N、C/P 和电导率呈显著负相关（$P<0.05$），与速效磷、β-1,4-葡萄糖苷酶、有机碳和 β-1,4-*N*-乙酰氨基葡萄糖苷酶呈极显著负相关（$P<0.01$）；*Candidatus*_Nitrocosmicus 与全氮、C/N 和电导率呈显著正相关（$P<0.05$），与速效磷、β-1,4-葡萄糖苷酶、有机碳、β-1,4-*N*-乙酰氨基葡萄糖苷酶和 C/P 呈极显著正相关（$P<0.01$），与多酚氧化酶和过氧化物酶呈极显著负相关（$P<0.01$）；norank_f__WD2101_soil_group 与速效磷和 β-1,4-葡萄糖苷酶呈极显著正相关（$P<0.01$），与多酚氧化酶呈极显著负相关（$P<0.01$）；*Arthrobacter* 与 β-1,4-葡萄糖苷酶和 C/N 呈显著正相关（$P<0.05$），与速效磷、有机碳、β-1,4-*N*-乙酰氨基葡萄糖苷酶和 C/P 呈极显著正相关（$P<0.01$），与 pH 呈显著负相关（$P<0.05$），与多酚氧化酶呈极显著负相关（$P<0.01$）；norank_f__JG30-KF-CM45 与 β-1,4-*N*-乙酰氨基葡萄糖苷酶和 C/P 呈显著正相关（$P<0.05$），与速效磷、β-1,4-葡萄糖苷酶和有机碳呈极显著正相关（$P<0.01$），与多酚氧化酶呈极显著负相关（$P<0.01$）；*Microvirga* 与 C/N、C/P 和电导率呈显著正相关（$P<0.05$），速效磷、β-1,4-葡萄

糖苷酶和有机碳呈极显著正相关（$P<0.01$），与多酚氧化酶呈极显著负相关（$P<0.01$）。

3.5.2　不同发育阶段柠条灌丛堆土壤细菌群落多样性影响因子分析

线性模型的冗余分析（RDA 图）能够准确反映不同发育阶段柠条灌丛堆土壤细菌多样性和土壤环境因子之间的相关性，以土壤理化性质、碳氮磷生态化学计量比和酶活性等因子作为环境变量，以 α 多样性作为响应变量，进一步分析环境因子对土壤细菌 α 多样性的影响，结果如图 3-11 所示。第一轴和第二轴分别解释环境变量的 34.69%、3.4%，即 RDA 分析的前两轴对环境因子与土壤细菌多样性之间的相关性解释率为 38.09%。通过蒙特卡洛替换检验，结果如表 3-3 所示，环境因子对细菌多样性影响的排序由大到小依次为速效磷、多酚氧化酶、碱性磷酸酶、有机碳、C/P、过氧化物酶、pH、β-1,4-葡萄糖苷酶、β-1,4-*N*-乙酰氨基葡萄糖苷酶、全磷、全氮、N/P、电导率、C/N 和含水量。其中速效磷、多酚氧化酶和碱性磷酸酶与细菌多样性具有显著相关性（$P<0.05$），解释率分别为 20.8%、5.9% 和 5%，由此可见，速效磷、多酚氧化酶和碱性磷酸酶是显著影响不同发育阶段柠条灌丛堆土壤细菌多样性的关键环境因子。

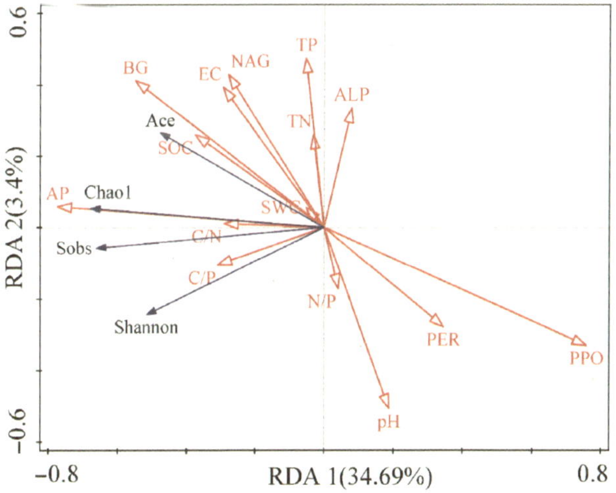

图 3-11　土壤细菌多样性指数与土壤理化因子的冗余分析

表 3-3　环境因子变量重要性排序

环境因子	重要性排序	解释率（%）	重要性 *F*	显著性 *P*
速效磷	1	20.8	23.1	0.002
多酚氧化酶	2	5.9	7	0.012

续表

环境因子	重要性排序	解释率（%）	重要性 *F*	显著性 *P*
碱性磷酸酶	3	5	6.3	0.006
有机碳	4	1.1	1.4	0.5
C/P	5	1.1	1.4	
过氧化物酶	6	1.1	1.4	
pH	7	0.8	1	
β-1,4-葡萄糖苷酶	8	0.6	0.7	
β-1,4-*N*-乙酰氨基葡萄糖苷酶	9	0.6	0.8	
全磷	10	0.5	0.6	
全氮	11	0.4	0.5	
N/P	12	0.4	0.5	
电导率	13	0.4	0.4	
C/N	14	0.4	0.1	
含水量	15	<0.1	0.1	

3.6 总　　结

研究表明，不同类型的土壤细菌群落的优势种类基本是相似的，包括放线菌门、变形菌门、酸杆菌门、绿弯菌门、浮霉菌门、芽单胞菌门、拟杆菌门等（Kim et al.，2019）。这些菌门在冻土、森林、湿地、荒漠等地形中也常被作为优势菌门被检出（Cao et al.，2017；戴雅婷等，2017；关健飞和曹阳，2020；魏鹏等，2020；肖龙敏等，2018），这可能是由于细菌具有分布极为广泛和适应能力较强的特点（卢慧等，2018）。牟红霞等（2022）对宁夏荒漠草原矿井水排放地研究发现，放线菌门和变形菌门是优势细菌门类，张力斌等（2022）对干旱风沙人工植被重建区研究发现优势菌门是放线菌门和变形菌门，由此可知在荒漠环境中，放线菌门和变形菌门是普遍存在的细菌门类。本研究发现在生长期放线菌门丰度高，成熟期变形菌门丰度高，这说明随着柠条灌丛堆的发育，能够使土壤微生物促进“沃岛效应”的形成，这与王春雯等（2022）研究结果一致。

土壤环境因子与柠条灌丛堆土壤细菌的群落结构和多样性存在密切关系。张玉林等（2022）发现影响古尔班通古特沙漠土壤细菌的主要环境因子是碱性磷酸酶、微生物碳和微生物氮。余卫等（2016）发现影响青藏高原金露梅灌丛土壤细菌的主要影响因子是微生物数量、微生物生物量碳、过氧化氢酶、脲酶、碱性磷酸酶、多酚氧化酶和蛋白酶。本研究发现影响不同发育阶段柠条灌丛堆土壤细菌群落结构的关键环境因子是速效磷、β-1,4-葡萄糖苷酶、有机碳、β-1,4-*N*-乙酰氨基葡萄糖苷酶、C/P、多酚氧化酶和过氧化物酶。此外，许多研究证实土壤 pH 和含水量是影响荒漠土壤细菌群落结构的主要驱动因子（Jiang et al.，2022；Li et al.，2021；Liu et al.，2022；Peng et al.，2023），但本研究中土壤 pH 和含水量并不是主要影响因子，pH 和变形菌门存在极显著相关性，这与喻君保等（2023）研究结果一致。本研究还发现影响不同发育阶段柠条灌丛堆土壤细菌多样性的关键环境因子是速效磷、多酚氧化酶和碱性磷酸酶，主要通过影响微生物的生长，从而对土壤—植物—微生物的磷循环产生间接影响（Zhi et al.，2023）。

参 考 文 献

戴良香, 丁红, 徐扬, 等. 2022. 盐胁迫下配施钙肥对花生根际土壤细菌群落结构的影响. 干旱地区农业研究, 40(4): 41-50.

戴雅婷, 闫志坚, 解继红, 等. 2017. 基于高通量测序的两种植被恢复类型根际土壤细菌多样性研究. 土壤学报, 54(3): 735-748.

关健飞, 曹阳. 2020. 黑龙江省表层冻土细菌群落结构组成和功能特征. 生态学报, 40(14): 4929-4941.

卢慧, 赵珩, 盛玉钰, 等. 2018. 基于高通量测序的两种高寒草甸土壤原核生物群落特征研究. 生态学报, 38(22): 8080-8087.

牟红霞, 刘秉儒, 李子豪, 等. 2022. 矿井水对荒漠草原土壤微生物群落结构及多样性的影响. 干旱区研究, 39(5): 1618-1630.

王春雯, 赵芳, 张晨, 等. 2022. 小叶锦鸡儿灌丛对草地土壤固氮微生物群落的影响. 草业学报, 31(10): 28-40.

王子寅, 刘秉儒, 牟红霞, 等. 2022. 荒漠草原不同发育阶段柠条灌丛堆土壤真菌群落多样性特征研究. 干旱地区农业研究, 40(3): 218-227.

魏鹏, 安沙舟, 董乙强, 等. 2020. 基于高通量测序的准噶尔盆地荒漠土壤细菌多样性及群落结构特征. 草业学报, 29(5): 182-190.

肖龙敏, 唐明, 张好强. 2018. 不同种植年限宁夏枸杞根际微生物的群落多样性. 西北林学院学报, 33(6): 31-39+163.

余卫, 张莉, 王启兰. 2016. 青藏高原金露梅灌丛草甸土壤质量的微生物学特征. 草地学报, 24(6): 1248-1253.

喻君保, 李启艳, 朱晨璐, 等. 2023. 芒萁侵入红壤退化裸地对土壤理化性质和细菌组成的影响. 水土保持学报, 37(1): 188～196+203.

张力斌, 何明珠, 张克存, 等. 2022. 干旱风沙区植被重建初期对土壤微生物群落结构的影响. 干旱区地理, 45(6): 1916-1926.

张玉林, 陆永兴, 尹本丰, 等. 2022. 模拟降雨变化对古尔班通古特沙漠土壤养分及酶活性的影响. 生态学报, 42(5): 1739-1749.

Cao Q Q, Wang H, Chen X C, et al. 2017. Composition and distribution of microbial communities in natural river wetlands and corresponding constructed wetlands. Ecological Engineering, 98: 40-48.

Jiang L M, Hu D, Lv G H. 2022. The edaphic and vegetational properties controlling soil aggregate stability vary with plant communities in an arid desert region of Northwest China. Forests, 13(3): 368.

Kim M, Lim H S, Hyun C U, et al. 2019. Local-scale variation of soil bacterial communities in ice-free regions of maritime Antarctica. Soil Biology and Biochemistry, 133: 165-173.

Li H Y, Qiu Y Z, Yao T, et al. 2021. Nutrients available in the soil regulate the changes of soil microbial community alongside degradation of alpine meadows in the northeast of the Qinghai-Tibet Plateau. Science of the Total Environment, 792: 148363.

Liu J L, Wang Q Q, Ku Y L, et al. 2022. Precipitation and soil pH drive the soil microbial spatial patterns in the Robinia pseudoacacia forests at the regional scale. Catena, 212: 106120.

Peng M W, He H, Wang Z K, et al. 2023. Community distribution of rhizosphere and endophytic bacteria of ephemeral plants in desert-oasis ecotone and analysis of environmental driving factors. Land Degradation and Development, 34(4): 1182-1196.

Wang H, Hu Z X, Chai Z Y, et al. 2020. Blooms of Prorocentrum donghaiense reduced the species diversity of dinoflagellate community. Acta Oceanologica Sinica, 39(4): 110-119.

Zhi R C, Deng J, Xu Y L, et al. 2023. Altered microbial P cycling genes drive P availability in soil after afforestation. Journal of Environmental Management, 328: 116998.

第 4 章 荒漠草原沙化区不同发育阶段柠条灌丛堆土壤真菌群落结构及多样性分析

4.1 不同发育阶段柠条灌丛堆土壤真菌群落测序结果分析

通过对不同发育阶段柠条灌丛堆土壤真菌进行高通量测序，结果如表 4-1 所示。所有测序样本共得到序列数 929 013 条，平均每个样本序列数为 51 612 条，共得到 224 614 303 bp 的碱基数，平均序列长度为 242 bp，平均最短序列长度为 150 bp，平均最长序列长度为 475 bp。在 97%的相似性水平下对非重复序列进行 OTU 聚类，一共检测出 1206 个 OTU，对其进行分类学物种注释，不同发育阶段柠条灌丛堆土壤细菌所有样本注释到的物种分别属于 10 门，34 纲，79 目，161 科，325 属，466 种。

表 4-1 样品测序数据信息统计表

发育阶段	灌丛堆位置	土层深度（cm）	序列数（条）	碱基数（bp）	平均序列长度（bp）	最短序列长度（bp）	最长序列长度（bp）
生长期	顶部	0～10	47 016	11 237 253	239	151	443
	顶部	10～20	42 061	10 284 613	245	152	449
	中部	0～10	51 748	12 913 927	249	153	465
	中部	10～20	56 172	13 691 641	244	152	483
	底部	0～10	49 812	12 643 804	255	150	482
	底部	10～20	48 487	12 175 833	251	147	434
成熟期	顶部	0～10	50 846	11 971 459	236	149	500
	顶部	10～20	49 209	11 664 339	237	146	497
	中部	0～10	50 142	11 970 730	239	149	520
	中部	10～20	51 070	12 317 006	241	151	484
	底部	0～10	56 899	13 710 791	241	154	459
	底部	10～20	56 191	13 350 021	238	147	472
衰退期	顶部	0～10	54 392	13 059 591	242	149	500
	顶部	10～20	57 039	13 895 766	244	150	449
	中部	0～10	50 506	11 821 390	235	149	486
	中部	10～20	54 416	13 008 351	239	151	486
	底部	0～10	51 359	12 245 788	240	152	503
	底部	10～20	51 649	12 652 001	245	149	434
		平均值	51 612	12 478 572	242	150	475
		总值	929 013	224 614 303	4359	2701	8546

4.2 不同发育阶段柠条灌丛堆土壤真菌群落运算分类单元分析

对柠条灌丛堆土壤各样品测序得到的真菌 OTU 如图 4-1 所示。结果表明，生长期、成熟期和衰退期土壤 OTU 数分别为 994 个、1105 个和 958 个；生长期顶部 0～10 cm、生长期中部 0～10 cm、生长期底部 0～10 cm、生长期顶部 10～20 cm、生长期中部 10～20 cm、生长期底部 10～20 cm 土壤 OTU 数分别为 401 个、335 个、364 个、251 个、222 个、233 个；成熟期顶部 0～10 cm、成熟期中部 0～10 cm、成熟期底部 0～10 cm、成熟期顶部 10～20 cm、成熟期中部 10～20 cm、成熟期底部 10～20 cm 土壤 OTU 数分别为 360 个、382 个、318 个、357 个、270 个、230 个；衰退期顶部 0～10 cm、衰退期中部 0～10 cm、衰退期底部 0～10 cm、衰退期顶部 10～20 cm、衰退期中部 10～20 cm、衰退期底部 10～20 cm 土壤 OTU 数分别为 356 个、300 个、381 个、230 个、246 个、257 个；不同发育阶段不同位置的 0～10 cm 和 10～20 cm 土壤共有 OTU 数分别为 250 个和 156 个。不同发育阶段柠条灌丛堆不同位置的 0～10 cm 土壤 OTU 数大于 10～20 cm 土壤 OTU 数，成熟期 OTU 数最大。

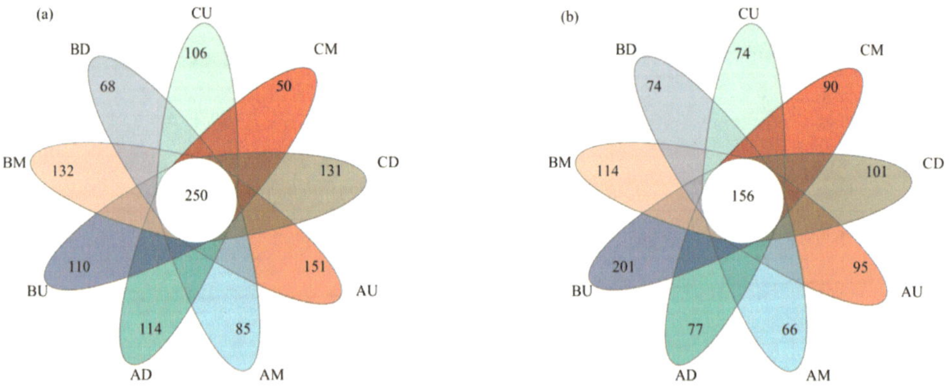

图 4-1　不同发育阶段柠条灌丛堆土壤真菌群落 Venn 图

（a）代表 0～10 cm 土层土壤，（b）代表 10～20 cm 土层土壤；A 代表生长期，B 代表成熟期，C 代表衰退期；U 代表顶部，M 代表中部，D 代表底部。下同

4.3 不同发育阶段柠条灌丛堆土壤真菌群落组成分析

4.3.1 门水平土壤真菌群落组成分析

不同发育阶段柠条灌丛堆土壤真菌门水平相对丰度如图 4-2 所示。在真菌门水平上，将真菌相对丰度低于 2%合并为其他，鉴定得到的真菌主要有 5 个门，有子囊菌门（Ascomycota）、担子菌门（Basidiomycota）、被孢霉门（Mortierellomycota）、unclassified_k__Fungi 和球囊菌门（Glomeromycota），一共约占真菌总丰度的 99.42%。其中子囊菌门丰度范围是 62.11%～89.82%，均值为 78.73%；担子菌门丰度范围是 3.06 %～20.72%，均值为 8.57%；被孢霉门丰度范围是 2.04%～14.80%，均值为 7.52%；unclassified_k__Fungi 丰度范围是 0.82%～12.16%，均值为 2.70%；球囊菌门丰度范围是 0.17%～5.88%，均值为 1.91%。不同发育阶段柠条灌丛堆土壤真菌门类几乎一致，其中子囊菌门是优势菌门，约占真菌总数的 78%。生长期底部 10～20 cm 土壤所属子囊菌门的真菌数量最低，约占 62.11%，衰退期中部 0～10 cm 土壤所属子囊菌门的真菌数量最高，约占 89.82%；生长期顶部 10～20 cm 土壤所属担子菌门的真菌数量最低，约占 3.06%，生长期底部 10～20 cm 土壤所属担子菌门的真菌数量最高，约占 20.72%；衰退期中部 0～10 cm 土壤所属被孢霉门的真菌数量最低，约占 2.04%，生长期底部 10～20 cm 土壤所属被孢霉门的真菌数量最高，约占 20.72%。在门分类水平上，不同发育阶段柠条灌丛堆土壤真菌门类的种数差异不大，仅在各门类的丰度上有所差异，子囊菌门呈现逐渐上升的趋势，担子菌门呈现逐渐下降的趋势。同时，不同发育阶段柠条灌丛堆土壤真菌优势菌门相对丰度热图如图 4-3 所示，土壤真菌门类的相对丰度在不同发育阶段下差异显著，且各门类的差异性各有不同。

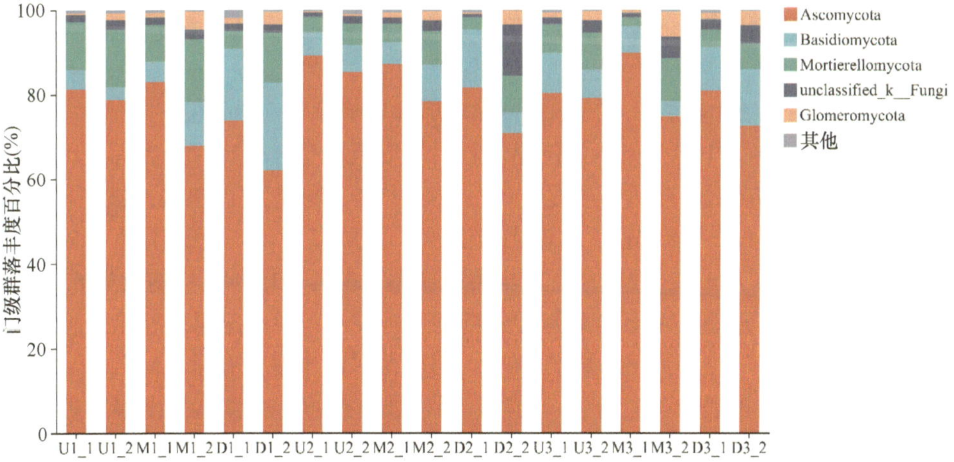

图 4-2 不同发育阶段柠条灌丛堆土壤真菌群落门水平组成

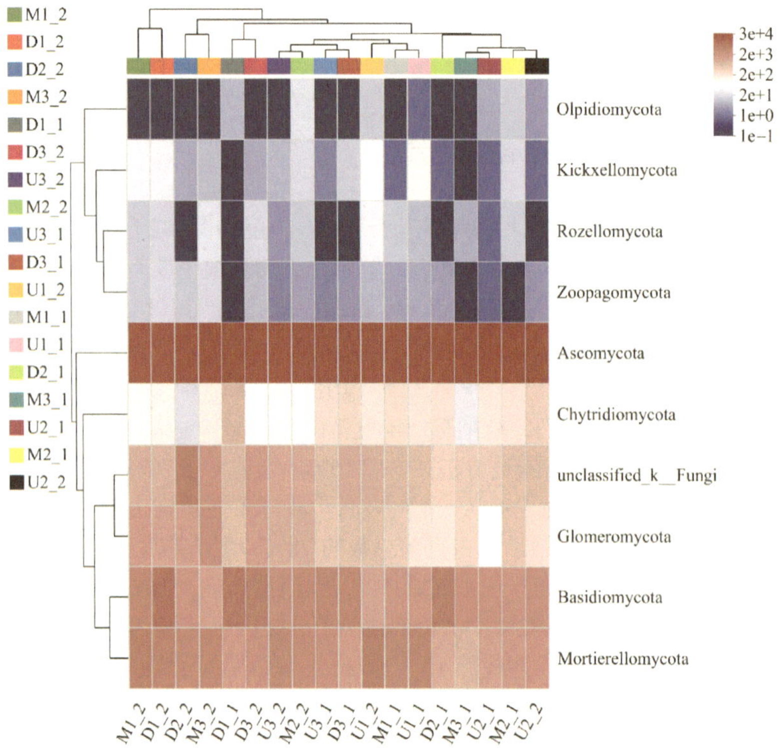

图 4-3　不同发育阶段柠条灌丛堆土壤真菌优势菌门相对丰度热图

4.3.2　目水平土壤真菌群落组成分析

不同发育阶段柠条灌丛堆土壤真菌目水平相对丰度如图 4-4 所示。在真菌目水平上，将真菌相对丰度低于 2%合并为其他，研究区目水平下丰度大于 5%的真菌是肉座菌目（Hypocreales）、格孢腔菌目（Pleosporales）、被孢霉目（Mortierellales）、刺盾炱目（Chaetothyriales）和散囊菌目（Eurotiales），约占真菌总丰度的 61.55%。丰度分别为：肉座菌目，丰度范围是 8.65%～38.20%，均值为 22.54%；格孢腔菌目，丰度范围是 4.01%～43.43%，均值为 17.99%；被孢霉目，丰度范围是 1.94%～14.50%，均值为 7.21%；刺盾炱目，丰度范围是 1.28%～18.52%，均值为 7.11%；散囊菌目，丰度范围是 1.31%～15.04%，均值为 6.70%。不同发育阶段柠条灌丛堆土壤真菌目分类几乎一致，其中肉座菌目和格孢腔菌目是主要优势菌目，约占真菌总数的 40%。肉座菌目的丰度分布呈“M”型，格孢腔菌目的丰度分布则呈下降趋势。同时，不同发育阶段柠条灌丛堆土壤真菌优势菌目相对丰度热图如图 4-5 所示，土壤真菌目分类水平上，占比排序前 20 的菌目相对丰度在不同发育阶段下差异显著，且差异性各有不同。

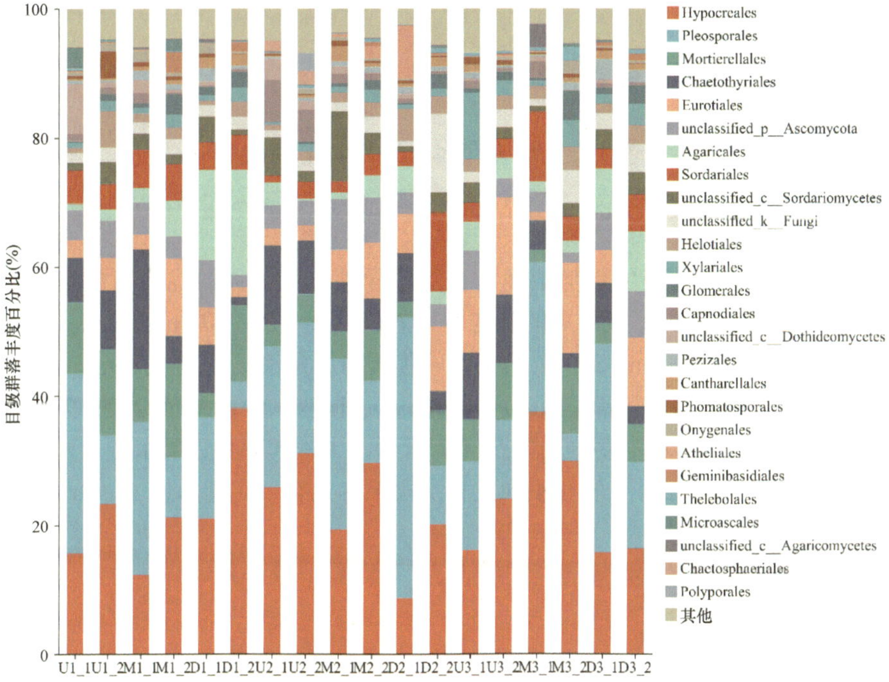

图 4-4　不同发育阶段柠条灌丛堆土壤真菌群落目水平组成

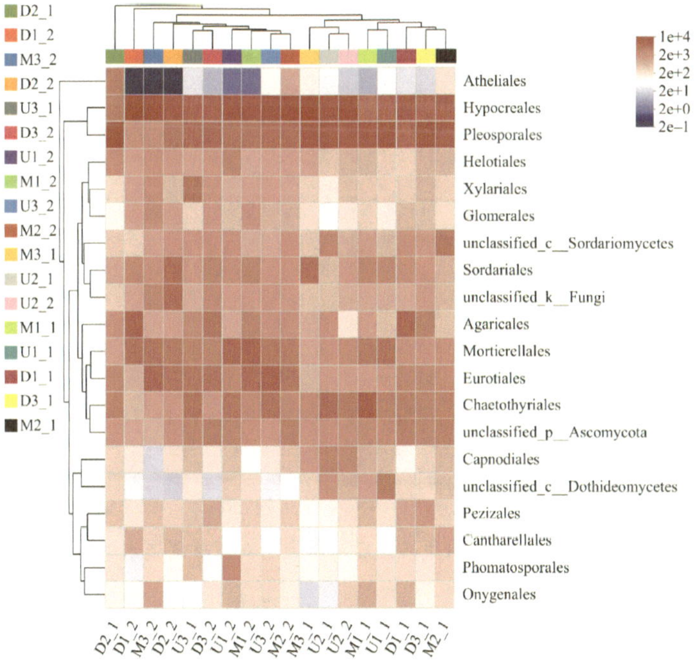

图 4-5　不同发育阶段柠条灌丛堆土壤真菌优势菌目相对丰度热图

4.3.3 属水平土壤真菌群落组成分析

不同发育阶段柠条灌丛堆土壤真菌属水平相对丰度如图 4-6 所示。在真菌属水平上，将真菌相对丰度低于 5%合并为其他，相对丰度大于 5%的菌属一共注释到 27 个属，其中未鉴定属有 8 个，说明属水平还需进一步进行分类。不同发育阶段柠条灌丛堆土壤真菌的优势菌属有一定差异性，生长期的优势菌属是虫草属（*Cordyceps*）和 *Knufia*，成熟期的优势菌属是刺孢属（*Phaeomycocentrospora*）和 unclassified_c__Sordariomycetes，衰退期的优势菌属是漆斑菌属（*Myrothecium*）、白僵菌属（*Beauveria*）和青霉属（*Penicillium*）。同时，不同发育阶段柠条灌丛堆土壤真菌优势菌属相对丰度热图如图 4-7 所示，土壤真菌目分类水平上，占比排序前 23 的优势菌目相对丰度在不同发育阶段下也具有一定差异性。

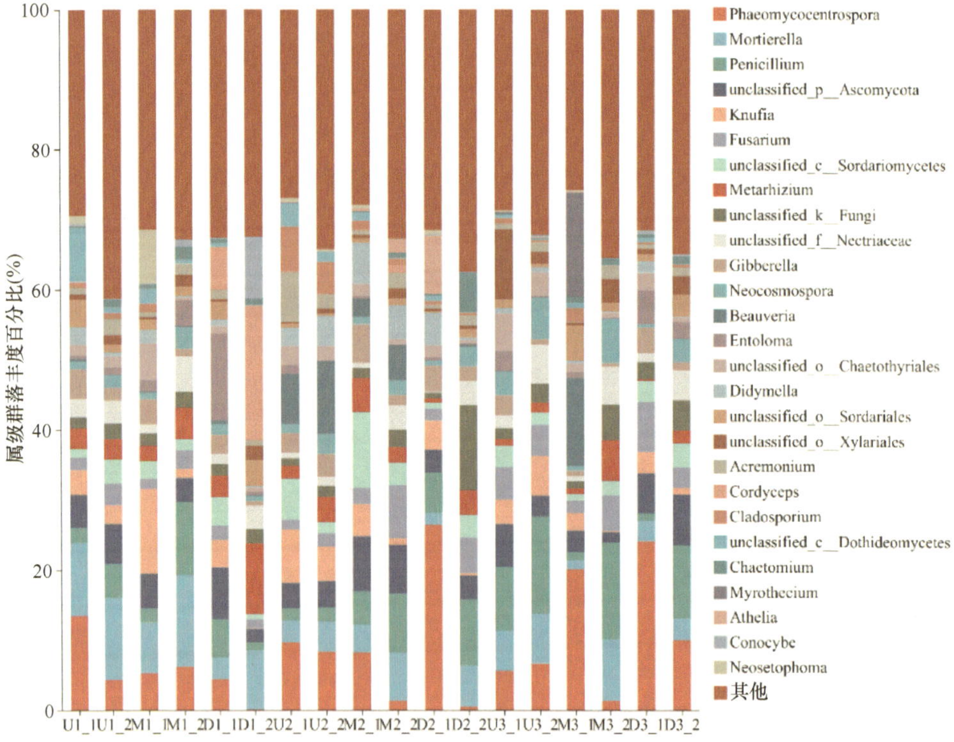

图 4-6　不同发育阶段柠条灌丛堆土壤真菌群落属水平组成

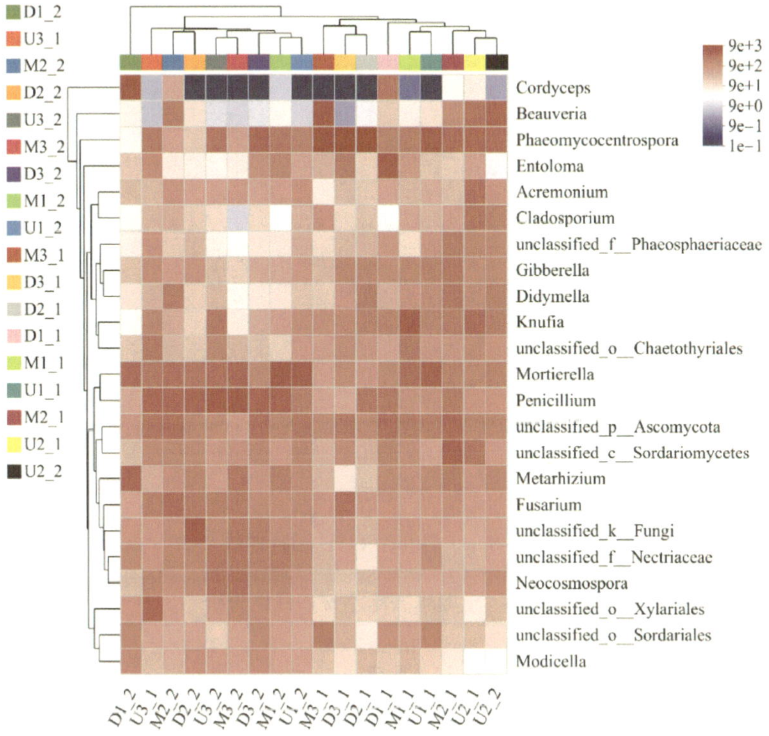

图 4-7　不同发育阶段柠条灌丛堆土壤真菌优势菌属相对丰度热图

4.4　不同发育阶段柠条灌丛堆土壤真菌群落多样性分析

4.4.1　不同发育阶段柠条灌丛堆土壤真菌群落的物种多样性分析

不同发育阶段柠条灌丛堆土壤样本真菌的稀释曲线如图 4-8 所示，所有样品抽取序列条数均在 30 000 条以上，且随着测序序列的增加，曲线已经逐渐趋于平缓，说明此次表明本次研究土壤样本的测序数量达到标准，数据量足够大且数据合理充分，能够准确地反映研究区土壤样本绝大多数真菌的物种多样性。

4.4.2　不同发育阶段柠条灌丛堆土壤真菌群落 α 多样性分析

不同发育阶段柠条灌丛堆的土壤真菌群落 α 多样性有显著性差异，结果如表 4-2 所示。总体来说，真菌的丰度在成熟期最大，多样性则在生长期最大。Sobs 指数在成熟期中部 0～10 cm 最大，在生长期底部 10～20 cm 最小；Shannon 指数在生长期中部 0～10 cm 最大，在衰退期中部 0～10 cm 最小；Ace 指数在成熟期顶部 0～

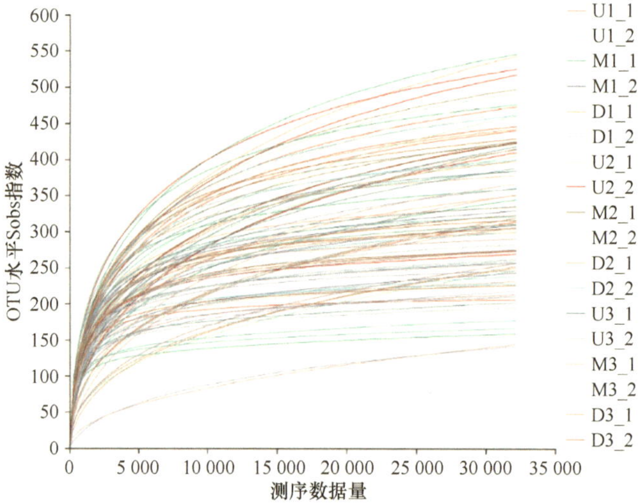

图 4-8　土壤真菌 OTU 稀释曲线

表 4-2　土壤真菌群落 α 多样性分析

发育阶段	灌丛堆位置	土层深度（cm）	Sobs 指数	Shannon 指数	Ace 指数	Chao1 指数	覆盖度（%）
生长期	顶部	0～10	375.80±113.08ABa	3.69±0.53Aab	428.09±129.72ABCDa	436.17±132.91ABCa	99.79±0.11ABCa
	顶部	10～20	325.20±102.19ABCa	3.81±0.30Aab	350.45±110.66CDa	366.15±108.85ABCDa	99.87±0.06Aa
	中部	0～10	376.60±148.10ABa	3.89±0.53Aa	430.03±163.31ABCDa	426.62±168.86ABCDa	99.80±0.11ABCa
	中部	10～20	292.20±39.51BCa	3.69±0.36Aab	326.77±42.20CDa	338.53±39.25CDa	99.87±0.02Aa
	底部	0～10	367.40±100.14ABCa	3.71±0.54Aab	418.70±163.37ABCDa	421.29±145.85ABCDa	99.81±0.16ABa
	底部	10～20	235.00±79.84Ca	2.81±1.41ABb	275.60±79.06Da	276.28±76.52Da	99.88±0.06Aa
成熟期	顶部	0～10	384.40±101.43ABab	3.34±0.70Aa	537.70±42.92Aa	497.09±85.39ABa	99.68±0.05Cc
	顶部	10～20	429.00±103.62Aa	3.68±0.54Aa	507.44±132.31ABa	512.76±118.91Aa	99.71±0.11BCbc
	中部	0～10	436.40±34.09Aa	3.71±0.47Aa	510.02±45.28ABa	508.45±35.51Aa	99.73±0.07BCbc
	中部	10～20	347.00±120.24ABCab	3.68±0.26Aa	400.67±152.71ABCDab	400.55±149.19ABCDab	99.81±0.13ABab
	底部	0～10	333.60±63.49ABCab	2.97±0.83ABa	437.79±75.86ABCa	412.19±65.85ABCDab	99.77±0.10ABCbc
	底部	10～20	271.60±95.72BCb	3.69±0.30Aa	297.32±91.87CDb	300.36±95.42CDb	99.90±0.04Aa

续表

发育阶段	灌丛堆位置	土层深度（cm）	Sobs 指数	Shannon 指数	Ace 指数	Chao1 指数	覆盖度（%）
衰退期	顶部	0～10	345.40±85.51ABCa	3.59±0.65Aa	401.30±97.89ABCDa	406.34±100.79ABCDa	99.81±0.13ABab
	顶部	10～20	261.40±29.62BCa	3.52±0.69Aa	311.97±69.81CDa	308.99±44.06CDa	99.87±0.08Aab
	中部	0～10	279.60±92.21BCa	2.18±1.20Ba	370.80±81.28BCDa	354.05±92.70BCDa	99.78±0.09ABCb
	中部	10～20	279.40±73.95BCa	3.85±0.30Aa	306.31±76.75CDa	316.08±83.17CDa	99.89±0.03Aa
	底部	0～10	337.40±81.36ABCa	3.16±1.25Aa	398.31±74.41ABCDa	390.26±70.17ABCDa	99.82±0.07ABab
	底部	10～20	309.80±75.24ABCa	3.66±0.36Aa	329.34±85.79CDa	338.09±90.57CDa	99.90±0.05Aa

10 cm 最大，在生长期底部 10～20 cm 最小；Chao1 指数在成熟期顶部 10～20 cm 最大，在生长期底部 10～20 cm 最小。垂直方向上整体则表现为 0～10 cm 的丰度和多样性大于 10～20 cm 的丰度和多样性。通过覆盖度指数得知，不同发育阶段柠条灌丛堆的测序深度在 99%左右，说明本次研究区域样本的测序数据可信度较高，能够真实反映研究区土壤真菌的情况。

4.4.3 不同发育阶段柠条灌丛堆土壤真菌群落 β 多样性分析

通过使用 Qiime 软件的 bray_curtis 算法对不同发育阶段柠条灌丛堆土壤细菌 OTU 进行 β 多样性分析，用于比较样本间真菌的多样性。结果如图 4-9 所示，stress

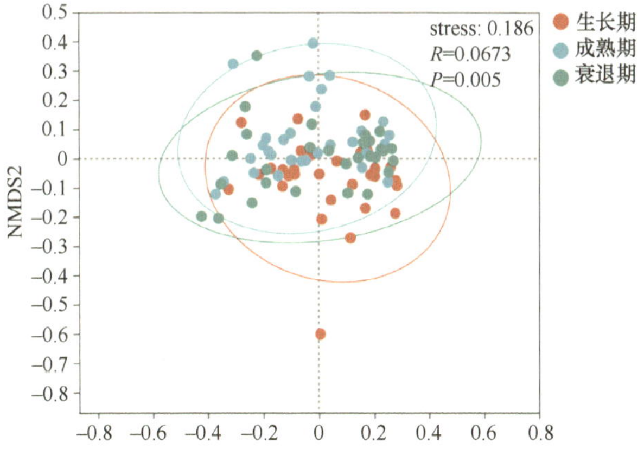

图 4-9 土壤真菌非度量多维标定法（NMDS）分析图

为 0.186，小于 0.2，说明此次的 NMDS 分析可靠性较高，具有一定解释意义。但从图中可以看出，生长期、成熟期和衰退期三个发育阶段各采样点较为集中，说明不同发育阶段土壤真菌群落多样性的相似性也较高。

4.5 不同发育阶段柠条灌丛堆土壤真菌群落组成和多样性影响因子分析

4.5.1 不同发育阶段柠条灌丛堆土壤真菌群落组成影响因子分析

通过对门水平上相对丰度排名前 10 的不同发育阶段柠条灌丛堆土壤真菌群落组成与土壤环境因子及酶活性进行 Pearson 相关性分析，结果如图 4-10 所示。子囊菌门（Ascomycota）与 β-1,4-葡萄糖苷酶、有机碳和 β-1,4-*N*-乙酰氨基葡萄糖苷酶呈显著正相关（$P<0.05$），与速效磷和 β-1,4-*N*-乙酰氨基葡萄糖苷酶呈极显著正相关（$P<0.01$），与 pH 呈显著负相关（$P<0.05$），与多酚氧化酶和过氧化物酶呈极显著负相关（$P<0.01$）；壶菌门（Chytridiomycota）仅与速效磷和 β-1,4-葡萄糖苷酶呈显著正相关（$P<0.05$）；球囊菌门（Glomeromycota）与过氧化物酶呈显著正相关（$P<0.05$），与多酚氧化酶呈极显著正相关（$P<0.01$），与速效磷、β-1,4-

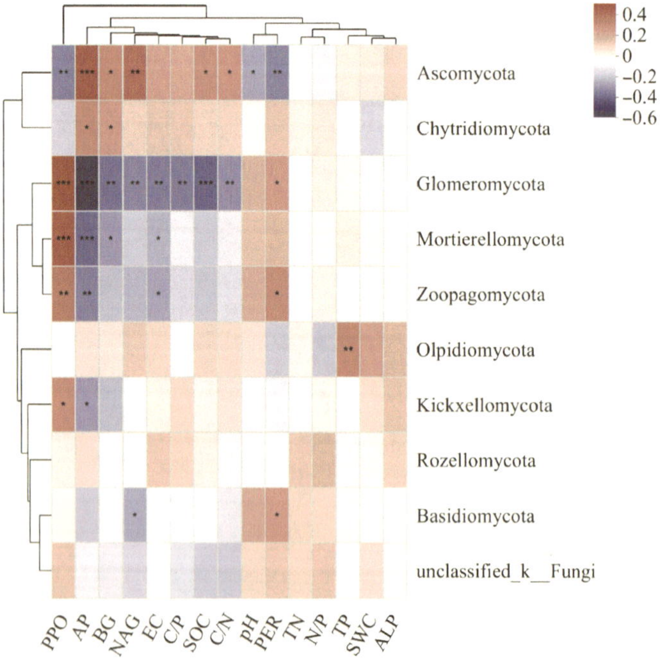

图 4-10 门水平土壤真菌群落丰度与环境因子相关性热图

葡萄糖苷酶、β-1,4-*N*-乙酰氨基葡萄糖苷酶、电导率、C/P、有机碳和 C/N 呈极显著负相关（$P<0.01$）；被孢霉门（Mortierellomycota）与多酚氧化酶呈极显著正相关（$P<0.01$），与 β-1,4-葡萄糖苷酶和电导率呈显著负相关（$P<0.05$），与速效磷呈极显著负相关（$P<0.01$）；捕虫霉亚门（Zoopagomycota）分别与过氧化物酶和电导率呈显著正、负相关（$P<0.05$），分别与多酚氧化酶和速效磷呈极显著正、负相关（$P<0.01$）；油壶菌门（Olpidiomycota）仅与全磷呈极显著正相关（$P<0.01$）；梳霉菌门（Kickxellomycota）分别与多酚氧化酶和速效磷呈显著正、负相关（$P<0.05$）；担子菌门（Basidiomycota）仅与过氧化物酶和 β-1,4-*N*-乙酰氨基葡萄糖苷酶呈显著正、负相关（$P<0.05$）；罗兹菌门（Rozellomycota）与所有环境因子都没有显著相关性。

为进一步加强说明真菌群落组成与土壤环境因子之间的相关性，在属水平上也做了同门水平一样的分析，结果如图 4-11 所示。影响相对丰度较高真菌属水平的重要土壤环境因子与土壤中门的表现性是一致的。unclassified_f__Nectriaceae 与多酚氧化酶呈极显著正相关（$P<0.01$），与有机碳和 β-1,4-葡萄糖苷酶呈显著负相关（$P<0.05$），与速效磷和 C/P 呈极显著负相关（$P<0.01$）；新赤壳属（*Neocosmospora*）与电导率、有机碳和 C/P 呈显著负相关（$P<0.05$），与速效磷呈极显著负相关（$P<0.01$）；unclassified_c__Sordariomycetes 仅与速效磷和 C/P 呈显著负相关（$P<0.05$）；被孢霉属（*Mortierella*）与多酚氧化酶呈极显著正相关（$P<0.01$），与 β-1,4-葡萄糖苷酶呈显著负相关（$P<0.05$），与速效磷呈极显著负相关（$P<0.01$）；青霉属（*Penicillium*）与多酚氧化酶和过氧化物酶呈显著正相关（$P<0.05$），与碱性磷酸酶和有机碳呈显著负相关（$P<0.05$），与速效磷呈极显著负相关（$P<0.01$）；白僵菌属（*Beauveria*）与碱性磷酸酶和 β-1,4-葡萄糖苷酶呈显著正相关（$P<0.05$），与 β-1,4-*N*-乙酰氨基葡萄糖苷酶呈极显著正相关（$P<0.01$），与多酚氧化酶呈显著负相关（$P<0.05$），与 pH 呈极显著负相关（$P<0.01$）；支顶孢属（*Acremonium*）与全氮和全磷呈显著正相关（$P<0.05$），与 β-1,4-*N*-乙酰氨基葡萄糖苷酶呈极显著正相关（$P<0.01$）；赤霉属（*Gibberella*）与 β-1,4-*N*-乙酰氨基葡萄糖苷酶呈显著正相关（$P<0.05$），与速效磷、有机碳和 β-1,4-葡萄糖苷酶呈极显著正相关（$P<0.01$），与多酚氧化酶呈极显著负相关（$P<0.01$）；*Knufia* 与速效磷、电导率、有机碳、β-1,4-葡萄糖苷酶和 C/P 呈显著正相关（$P<0.05$），与多酚氧化酶呈显著负相关（$P<0.05$）；unclassified_o__Chaetothyriales 与电导率、有机碳和 C/N 呈显著正相关（$P<0.05$），与 C/P 呈极显著正相关（$P<0.01$）；亚隔孢壳菌属（*Didymella*）与速效磷和含水量呈极显著正相关（$P<0.01$），与多酚氧化酶呈显著负相关（$P<0.05$）；刺孢属（*Phaeomycocentrospora*）仅与速效磷呈极显著正相关（$P<0.01$）；绿僵菌属（*Metarhizium*）、粉褶菌属（*Entoloma*）、unclassified_o__Sordariales、虫草属（*Cordyceps*）、unclassified_o__Xylariales、镰

孢菌属（*Fusarium*）、unclassified_k__Fungi 和 unclassified_p__Ascomycota 与所有环境因子都没有显著相关性。

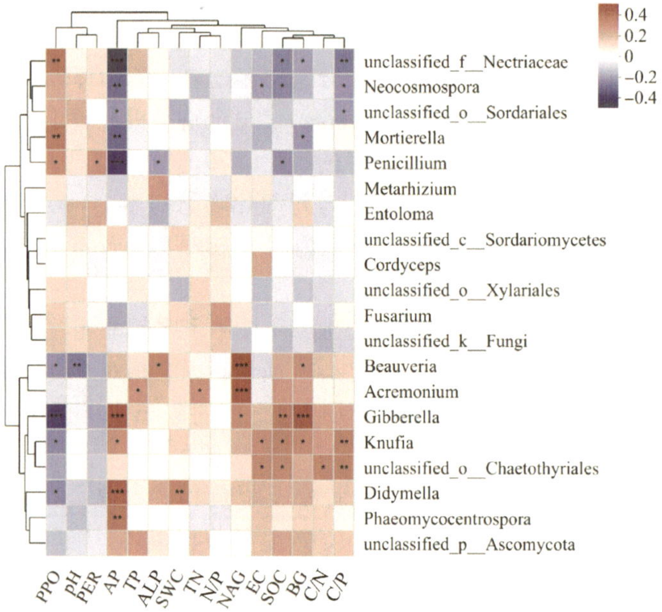

图 4-11　属水平土壤真菌群落丰度与环境因子相关性热图

4.5.2　不同发育阶段柠条灌丛堆土壤真菌群落多样性影响因子分析

RDA 图能够准确反映不同发育阶段柠条灌丛堆土壤真菌多样性和土壤环境因子之间的相关性，以土壤理化性质、碳氮磷生态化学计量比和酶活性等因子作为环境变量，以 α 多样性作为响应变量，进一步分析环境因子对土壤真菌 α 多样性的影响，结果如图 4-12 所示。第一轴和第二轴分别解释环境变量的 37.48%、4.12%，即 RDA 分析的前两轴对环境因子与土壤细菌多样性之间的相关性解释率为 41.6%。通过蒙特卡洛替换检验，结果如表 4-3 所示，环境因子对细菌多样性影响大小的排序由大到小依次为多酚氧化酶、速效磷、C/P、β-1,4-葡萄糖苷酶、C/N、pH、过氧化物酶、β-1,4-*N*-乙酰氨基葡萄糖苷酶、全磷、碱性磷酸酶、有机碳、全氮、N/P、含水量和电导率。其中多酚氧化酶、速效磷、C/P 和 β-1,4-葡萄糖苷酶与真菌多样性具有显著相关性（$P<0.05$），解释率分别为 26.6%、6.1%、2.5%和 1.8%，由此可见，多酚氧化酶、速效磷、C/P 和 β-1,4-葡萄糖苷酶是显著影响不同发育阶段柠条灌丛堆土壤真菌多样性的关键环境因子。

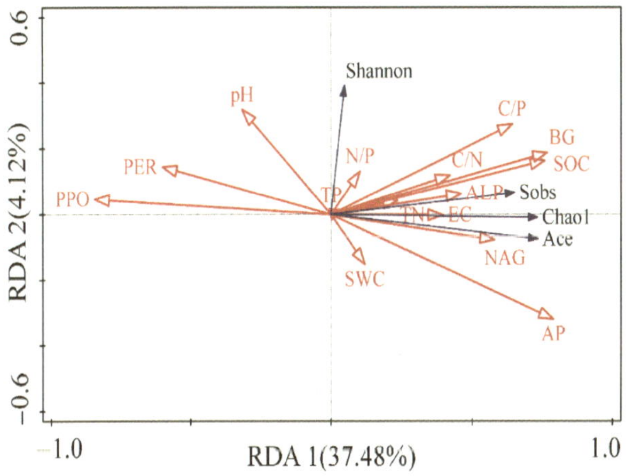

图 4-12　土壤真菌多样性指数与土壤理化因子的冗余分析

表 4-3　环境因子变量重要性排序

环境因子	重要性排序	解释率（%）	重要性 *F*	显著性 *P*
多酚氧化酶	1	26.6	32	0.002
速效磷	2	6.1	7.8	0.002
C/P	3	2.5	3.3	0.034
β-1,4-葡萄糖苷酶	4	1.8	2.4	0.092
C/N	5	0.6	0.8	
pH	6	0.5	0.7	0.506
过氧化物酶	7	0.5	0.6	
β-1,4-*N*-乙酰氨基葡萄糖苷酶	8	0.6	0.8	0.408
全磷	9	0.6	0.7	
碱性磷酸酶	10	0.5	0.7	0.492
有机碳	11	0.6	0.8	0.428
全氮	12	0.3	0.4	
N/P	13	0.5	0.6	0.528
含水量	14	0.1	0.2	0.882
电导率	15	<0.1	<0.1	0.978

4.6　总　　结

土壤真菌既作为共生体又作为病原体，在森林、草地、海洋等所有生态系统中发挥着不可或缺的作用，包括有机物的循环和与植物的相互作用（Baldrian et al.，2022）。Song 等（2022）和 Waymouth 等（2022）研究发现环境特征（土壤肥力和植被种类）和耕作制度等因素会对土壤真菌的群落结构和多样性产生影响，如子囊菌门、担子菌门、被孢霉门和球囊菌门。Li 等（2020）发现云南次生演替松树林的土壤真菌优势菌门是被孢霉门。Zhu 等（2022）发现黄河三角洲湿地的优势真菌群落是子囊菌门和担子菌门。Zheng 等（2021）发现水稻-旱地蔬菜田系统的优势真菌群落是子囊菌门和被孢霉门。本研究与上述研究结果相似，结果发现不同发育阶段柠条灌丛堆土壤优势真菌群落是子囊菌门，约占真菌总数的 78%，而蔡丽琼等（2022）研究发现在天麻连作后子囊菌门占真菌总丰度的 60%以上，表明子囊菌门是在宁夏荒漠草原柠条灌丛堆发育过程中发挥着主要作用的真菌。已有研究发现土壤真菌作为土壤主要的分解者，能够降解难以降解的有机质，在生态系统的物质循环中具有重要作用（Murgia et al.，2019）。此外，有研究表明植被类型、土壤等因素的变化对土壤真菌的多样性具有显著差异（Fayiah et al.，2019）。本研究结果发现不同发育阶段柠条灌丛堆的土壤真菌群落的丰度和多样性分别在成熟期和生长期最大，这可能是由于柠条灌丛堆的发育为土壤真菌提供了生存空间，改善了植被生存的条件，促进了“沃岛效应”的形成（王子寅等，2022）。

土壤真菌的群落组成受到植被类型、海拔、恢复措施和土壤理化性质等因素的影响，但不同环境、不同地区的土壤真菌的影响因子各不相同（Tang et al.，2023）。Murgia 等（2019）研究发现 pH 和土壤养分是影响加拿大北部混交林的主要影响因子，Ao 等（2022）研究发现城市森林土壤真菌主要受到土壤电导率、碱解氮、总氮和总磷的影响，Wang 等（2019）研究发现矿区土壤真菌群落结构主要受到 pH 和有机碳的影响。本研究结果表明，在柠条灌丛堆土壤真菌门和属水平上，多酚氧化酶、速效磷、β-1,4-葡萄糖苷酶、电导率、有机碳和 β-1,4-*N*-乙酰氨基葡萄糖苷酶与真菌菌门都有显著的相关性，说明上述因子是宁夏荒漠草原柠条灌丛堆土壤真菌群落的主要影响因子。环境因子同样能够显著影响土壤微生物的多样性，本研究结果发现多酚氧化酶、速效磷、C/P 和 β-1,4-葡萄糖苷酶是显著影响不同发育阶段柠条灌丛堆土壤真菌多样性的关键环境因子，与 Li 等（2020）研究结果一致。

参考文献

蔡丽琼, 陈瑞, 杨德强, 等. 2022. 基于高通量测序的天麻连作根际土壤真菌群落多样性分析. 中国麻业科学, 44(6): 321-330.

王子寅, 刘秉儒, 牟红霞, 等. 2022. 荒漠草原不同发育阶段柠条灌丛堆土壤真菌群落多样性特征研究. 干旱地区农业研究, 40(3): 218-227.

Ao L, Zhao M C, Li X, et al. 2022. Different Urban Forest Tree Species Affect the Assembly of the Soil Bacterial and Fungal Community. Microbial Ecology, 83(2): 447-458.

Baldrian P, Bell-Dereske L, Lepinay C, et al. 2022. Fungal communities in soils under global change. Studies in Mycology, 103(1): 1-24.

Fayiah M, Dong S K, Li Y, et al. 2019. The relationships between plant diversity, plant cover, plant biomass and soil fertility vary with grassland type on Qinghai-Tibetan Plateau. Agriculture, Ecosystems and Environment, 286: 106659.

Li S F, Huang X B, Shen J Y, et al. 2020. Effects of plant diversity and soil properties on soil fungal community structure with secondary succession in the Pinus yunnanensis forest. Geoderma, 379: 114646.

Li X F, Zhang Y, Ding C X, et al. 2020. Water addition promotes vegetation recovery of degraded alpine meadows by regulating soil enzyme activity and nutrients in the Qinghai–Tibetan Plateau. Ecological Engineering, 158: 106047.

Murgia M, Fiamma M, Barac A, et al. 2019. Biodiversity of fungi in hot desert sands. Microbiology Open, 8(1): e00595.

Song S Z, Xiong K N, Chi Y K, et al. 2022. Effect of Cultivated Pastures on Soil Bacterial Communities in the Karst Rocky Desertification Area. Frontiers in Microbiology, 13: 922989.

Tang H, Chen M, Wu P, et al. 2023. Engineered biochar effects on soil physicochemical properties and biota communities: A critical review. Chemosphere, 311: 137025.

Wang N N, Wang A H, Xie J, et al. 2019. Responses of soil fungal and archaeal communities to environmental factors in an ongoing antimony mine area. Science of the Total Environment, 652: 1030-1039.

Waymouth V, Miller R E, Kasel S, et al. 2022. Riparian fungal communities respond to land-use mediated changes in soil properties and vegetation structure. Plant and Soil, 475(1): 491-513.

Zheng X Q, Song K, Li S X, et al. 2021. Effects of long-term integrated agri-aquaculture on the soil fungal community structure and function in vegetable fields. Scientific Reports, 11(1): 10813.

Zhu P C, Yang S R, Wu Y X, et al. 2022. Shifts in Soil Microbial Community Composition, Function, and Co-occurrence Network of Phragmites australis in the Yellow River Delta. Frontiers in Microbiology, 13: 858125.

第 5 章　荒漠草原沙化区不同发育阶段白刺灌丛堆研究

5.1　研究区自然概况

研究区位于宁夏盐池县，地处我国西北内陆，宁夏回族自治区东部，是宁夏、内蒙古、甘肃和陕西四省的交界地带，位于北方农牧交错带核心区，生态环境脆弱，生态地位突出。地理位置介于 37°04′～38°10′N，106°30′～107°41′E，属于典型的大陆性季风气候，县内是广袤的荒漠草原区，常年盛行西北风、西风，气候干燥，年降水 250～350 mm，年蒸发量约 2500 mm，年平均气温在 8℃左右。由于该区域恶劣的环境条件，当地的土壤异质性大，主要的土壤类型为灰钙土。灰钙土以有机质含量低、土层厚为主要特征，其次为黑垆土及风沙土，分别多分布于南部黄土高原丘陵区和北部鄂尔多斯台地区域，总体来看盐池县境内的土质结构较疏松且肥力较低（张晨光等，2007）。

研究区具体位于花马池镇南王圈自然村（37°50′51.7931″N，107°26′49.9877″E；海拔 1161 m）周围，此位置白刺灌丛堆密集，面积较大，形成白刺灌丛带。

5.2　试验设计及研究方法

5.2.1　试验设计

根据靳虎甲等（2013）、杜建会等（2008）、刘海等（2016）对白刺灌丛堆阶段的划分法，选择盐池荒漠草原围封条件下较小尺度范围内具有不同演替发育阶段且受人为干扰较小的白刺灌丛堆，将灌丛堆划分为初级、发育、成熟与衰退阶段 4 个阶段。不同发育阶段白刺灌丛堆特点如表 5-1 所示。

表 5-1　不同发育阶段白刺灌丛堆特点

演化阶段	形态	植被生长状况	沙堆土壤状况
初级阶段	形态不规则	白刺灌丛多单株生长，生长状况良好，结实率高，无枯死现象	迎风坡为流沙，背风坡形成结皮，结皮以生物结皮为主，存在部分物理结皮，丘地间地为黏土

续表

演化阶段	形态	植被生长状况	沙堆土壤状况
发育阶段	形态接近锥体	白刺灌丛多株生长，有枯死，枯死率低	迎风坡和背风坡均有结皮，且以生物结皮为主，沙堆以下为黏土丘间地
成熟阶段	形态接近半椭圆球体	白刺灌丛多株生长，有自疏现象，枯死率较高	结皮为生物结皮，迎风坡及沙堆两侧结皮破损较为严重
衰退阶段	形态接近半椭圆球体，有风蚀崩塌现象	白刺灌丛大多单株生长，枯死率较高	迎风坡和背风坡均以流沙为主，形成少量的物理结皮

依据不同发育阶段白刺灌丛堆特点，每个演化阶段取 3 个外形规则、生长均匀一致的灌丛沙堆作为研究对象，以减少白刺灌丛自身生长状况差异对取样的影响，共取 12 个独立白刺灌丛沙堆，在堆间地随机选取个 5 点作为对照。采样时按照东西南北各取一份混合作为一个样品，分别在白刺灌丛堆的沙堆顶端、沙堆中部、沙堆下缘及堆间地去除落叶采集 0～10 cm、10～20 cm、20～40 cm 深度的土壤。采样的地理位置如表 5-2 所示。

表 5-2　白刺灌丛堆研究点区域地理位置

演化阶段	样地编号	纬度	经度	海拔（m）
初级阶段	1	37°51′50.59″N	107°27′19.07″E	1293
	2	37°51′38.66″N	107°26′20.82″E	1292
	3	37°51′35.46″N	107°26′19.39″E	1293
发育阶段	1	37°51′57.24″N	107°27′26.34″E	1294
	2	37°51′50.00″N	107°27′19.55″E	1294
	3	37°51′54.59″N	107°27′24.53″E	1293
成熟阶段	1	37°51′54.57″N	107°27′24.55″E	1294
	2	37°51′54.48″N	107°27′20.49″E	1294
	3	37°51′50.41″N	107°27′22.69″E	1294
衰退阶段	1	37°51′52.82N	107°27′24.75″E	1295
	2	37°52′54.41″N	107°27′25.06″E	1291
	3	37°51′53.02″N	107°27′24.71″E	1296

5.2.2　土壤各指标的测定方法

研究中测定了土壤中常见的物理、化学指标（刘秉儒，2019），具体的测定指标及方法见表 5-3。

表 5-3 土壤理化指标的测定方法

测定指标	测定方法
土壤含水量	烘干法测定
土壤容重	环刀法测定
土壤颗粒组成	马尔文 2000 激光粒度仪测定
土壤 Ph	水土比 5:1 悬液测定
土壤电导率	水土比 5:1 浸提液测定
土壤有机碳	重铬酸钾氧化-外加热法测定
全氮	elementar 元素分析仪测定
全碳	elementar 元素分析仪测定
有效磷	$NaHCO_3$ 浸提-钼锑抗比色法测定

5.2.3 土壤细菌和真菌的测序方法

土壤细菌和真菌群落结构组成及多样性由北京 Novogene 生物信息技术有限公司进行测序。细菌多样性鉴定采用 16S rDNA 扩增子测序（16S rDNA amplicon sequencing），该方法常被用于研究细菌系统发育和菌种分类鉴定等微生物群落结构的组成（Youssef，2009；Hess et al.，2011），真菌多样性鉴定采用常用核酸序列中内转录间区（internal transcribed spacer，ITS）鉴定技术（Bengtsson-Palme et al.，2013）。两者测序方法相似，PCR 扩增后对高变区进行测序分析与菌种鉴定，具体的测定区域及扩增引物见表 5-4，土壤细菌和真菌多样性的测序流程如图 5-1 所示。

表 5-4 土壤细菌及真菌测序方法

	测序区域	PCR 扩增引物（引物序列）
细菌	16S rDNA 扩增子 V4 变异区	515F（GTGCCAGCMGCCGCGGTAA）和 806R（GGACTACHVGGGTWTCTAAT）
真菌	16S rDNA 扩增子 ITS1 区	ITS3-2024F（GCATCGATGAACGCAGC）和 ITS2-2049R（TCCTCCGCTTATTGATATGC）

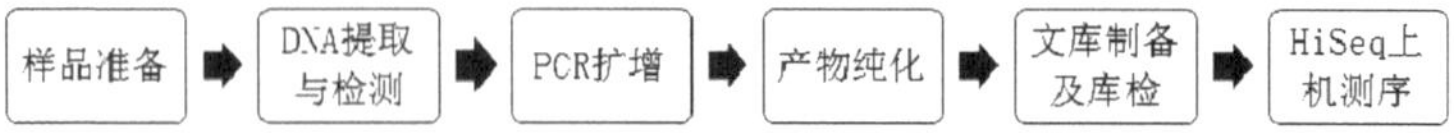

图 5-1 微生物测序流程图

（1）样品准备

样品采集后用灭菌保存管保存，并及时放入冰盒，在采集过程中注意控制外源菌污染。

（2）基因组 DNA 的提取及检测

样本的基因组 DNA 提取采用 CTAB 法，琼脂糖凝胶电泳检测 DNA 的纯度及浓度，检测参数设定凝胶浓度为 1%，电压 100 V，电泳 40 min，凝胶电泳检测结果如图 5-2 所示。

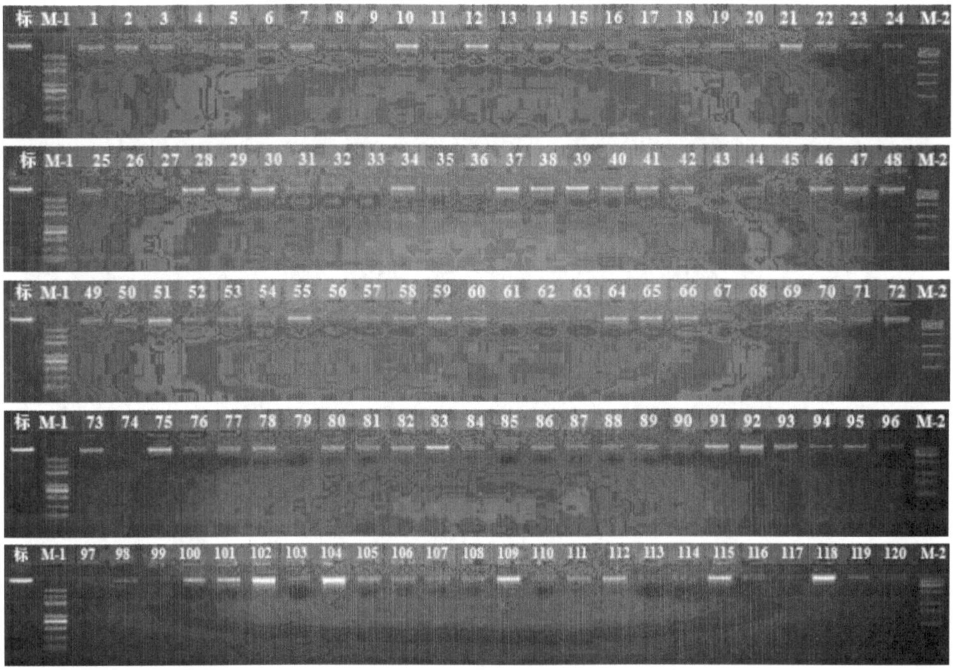

图 5-2　电泳结果图

标为标准品，上样 5 μL（10 ng/μL）；M-1 为 Trans 2k plus，上样 2 μL；M-2 为 Trans 15k plus，上样 2 μL；白色数字为样本序列号，原液上样 5 μL

（3）PCR 扩增

1）取适量样品置于离心管中并用无菌水稀释至 1 ng/μL。

2）将稀释后的基因组 DNA 作为模板，在 16S V4 区和 ITS1 区，分别以其扩增引物（表 5-4）为带 Barcode 的特异引物、New England Biolabs 公司的 Phusion® High-Fidelity PCR Master Mixwith GC Buffer，和高效高保真酶进行 PCR。

（4）PCR 产物的混样和纯化

PCR 产物使用 2%浓度的琼脂糖凝胶进行电泳检测，根据检测的结果将 PCR 产物等量混样后再使用 2%浓度的琼脂糖凝胶进行电泳检测，使用 qiagen 公司提供的胶回收试剂盒对目的条带回收产物。电泳结果如图 5-3 所示。

（5）文库构建和上机测序

使用 TruSeq® DNA PCR-Free Sample Preparation Kit 建库试剂盒进行文库构

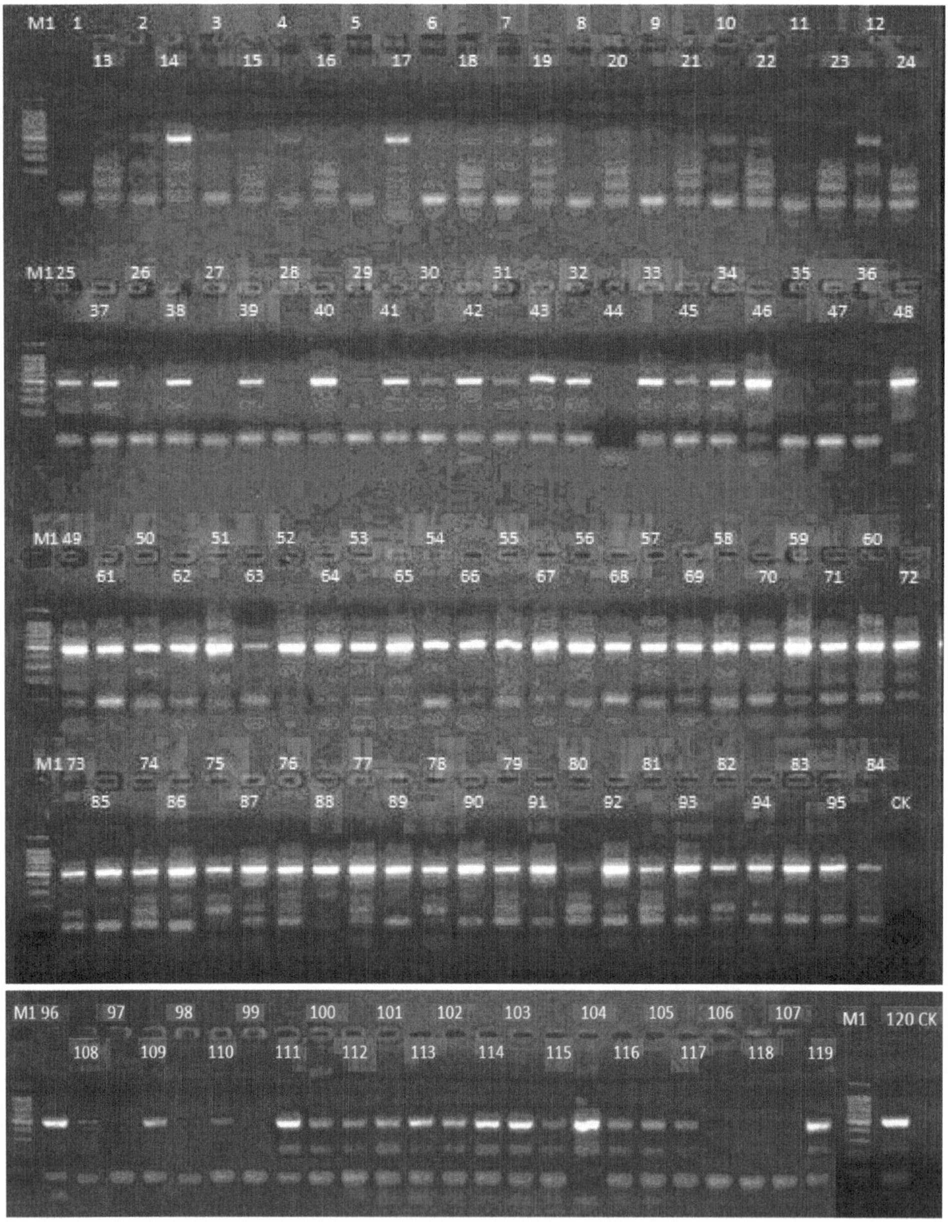

图 5-3　PCR 扩增产物电泳图

M1 为 100 bp ladder，上样 2 μL；白色数字为样本序列号，上样 3 μL

建，构建的文库经过 Qubit 和 Q-PCR 定量，文库合格后，通过 Novogene 生物信息技术有限公司（中国北京）的 Illumina HiSeq2500 PE250 测序平台完成测序。

5.2.4　土壤微生物多样性指标及计算方法

（1）Observed species 指数

一种菌群丰度指数表示该样品中所含物种数，其数值与物种丰度成正比。

（2）Shannon 指数

Shannon 指数用来描述微生物多样性的一种菌群丰度指数，Shannon 指数与微生物的群落多样性成正比。

$$H=-\sum_{i}^{n}\left(\frac{n_i}{n}\ln\frac{n_i}{n}\right)$$

其中：n_i 为微生物群落中物种 i 的重要值，n 为样品中所有物种的重要值之和。

（3）Simpson 指数

Simpson 指数用来描述微生物多样性的一种菌群多样性指数，微生物的群落多样性与其成反比。

$$\text{Simpson}=1-p_i^2$$

其中：p_i 是指 OTUi 在群落中所占的比例，p_i^2 为优势度。

（4）菌群丰度指数——Chao1 指数

Chao1 指数是 Chao 提出的 Chao1 算法（Chao，1984），用于估计群落中含有的 OTU 数目（操作分类单元），是生态学中常用的估计物种总数的一类指标。

$$\text{Chao1}=\text{Sobs}+\frac{F_1(F_1-1)}{2(F_2+1)}$$

其中：Chao1 为估计的 OTU 数目，Sobs 为实际观测到的 OTU 数目，F_1 为只有一条序列的 OTU 数目，F_2 为只有两条序列的 OTU 数目。

（5）菌群丰度指数——ACE 指数

ACE 指数是用来估计群落中的 OTU 数目的指数，与 Chao1 算法不同，关于 ACE 指数的介绍详见参考文献（Chao and Lee，1992；Chao and Yang，1993）。

（6）系统发育多样性的指数——PD whole tree 指数

PD whole tree 指数反映样品物种对进化历史保存的差异，指数越大，说明对进化物种保存的差异越大。

5.2.5　数据处理

（1）实验测量数据

将存于 Excel 2010 中的实验测量数据简单处理后，采用单因素方差法对不同演化阶段、不同空间位置之间进行差异性分析（LSD），用 SPSS 20.0 进行分析，用 Pearson 相关系数分析土壤理化性质之间的相关性，Origin8.1、R 软件（Version 2.15.3）制图，Excel2010 制表。

（2）土壤微生物部分数据

1）获得原始 Tags 数据。测序完成后，原始 Tags 数据为用 FLASH 对样本的 reads 进行拼接而得，其中下机数据中每个样本的数据需要去除 Barcode 序列及 PCR 扩增引物序列。

2）获得有效数据。将原始 Tags 数据依照 Qiime 处理，与数据库比对后去除嵌合体序列而得。

3）数据分析及作图。利用 Uparse 软件对所有样品的全部 Effective Tags 进行聚类，以 97%的一致性（Identity）将序列聚类成为 OTUs（Operational Taxonomic Units），用 Qiime 软件及 Unit 数据库对物种进行注释；使用 Qiime 软件（Version 1.7.0）计算物种多样性指数，使用 R 软件（Version 2.15.3）绘制稀释曲线，Rank abundance 曲线。

参 考 文 献

张晨光, 张克斌, 李瑞, 等. 2007. 宁夏盐池县土地生产潜力评价研究. 水土保持研究, 2007(03): 346-348.

刘海, 杜如万, 赵建, 等. 2016. 施肥对烤烟根际土壤酶活性及细菌群落结构的影响. 烟草科技, 49(10): 1-8.

刘秉儒. 2019. 生态数据分析与建模.宁夏人民教育出版社.

靳虎甲, 马全林, 何明珠, 等. 2013. 石羊河下游白刺灌丛演替过程中群落结构及数量特征. 生态学报, 33(07): 2248-2259.

杜建会, 严平, 展秀丽, 等. 2008. 民勤绿洲白刺灌丛沙堆不同演化阶段表面抗蚀性及其影响因素. 应用生态学报, 2008(04): 763-768.

Youssef N, Sheik C S, Krumholz L R, et al. 2009, Comparison of species richness estimates obtained using nearly complete fragments and simulated pyrosequencing-generated fragments in 16S rRNA gene-based environmental surveys. Applied and Environmental Microbiology, 75(16): 5227.

Hess M, Sczyrba A, Egan R, et al. 2011. Metagenomic discovery of biomass-degrading genes and genomes from cow rumen. Science, 331(6016): 463-467.

Chao A. 1984. Nonparametric estimation of the number of classes in a population. Scandinavian Journal of Statistics, 11(4): 265-270.

Chao A, Lee S M. 1992. Estimating the number of classes via sample coverage. Publications of the American Statistical Association, 87(417): 210-217.

Chao A, Yang M C K. 1993. Stopping rules and estimation for recapture debugging with unequal failure rates. Biometrika, 80(1): 193-201.

Bengtsson-Palme J, Ryberg M, Hartmann M, et al. 2013. Improved software detection and extraction of ITS1 and ITS2 from ribosomal ITS sequences of fungi and other eukaryotes for analysis of environmental sequencing data. Methods in Ecology & Evolution, 4(10): 914-919.

第6章　不同演化阶段白刺灌丛堆植被特征及土壤理化特性

6.1　不同演化阶段白刺灌丛堆植被特征

白刺灌丛在不同演化阶段，其伴生物种组成不同。不同演化阶段中白刺灌丛沙堆的植被种类不同，如表 6-1 所示。在白刺灌丛的初级、发育和衰退阶段，群落中分别有 11 种、12 种、1 种，占量最多的是禾本科植物，其次是藜科植物。演替至成熟阶段植被物种数明显增多，共有 18 种，菊科植被增加明显。显然，在白刺灌丛各个演化阶段群落组成比较简单，而在每个阶段中蒺藜科都有出现，在发展的初期，禾本科植物占优势，而到成熟阶段后，藜科和菊科植物明显增多，禾本科植物明显减少。

表 6-1　不同演化阶段中白刺灌丛沙堆的植被调查

演化阶段	白刺灌丛沙堆的植物种类
初级阶段	白刺（*Nitraria tangutorum*）、西伯利亚蓼（*Polygonum sibiricum*）、猪毛蒿（*Artemisia scoparia*）、独行菜（*Lepidium apetalum*）、沙芦草（*Agropyron mongolicum*）、白莲蒿（*Artemisia gmelinii*）、尖头叶藜（*Chenopodium acuminatum*）、雾冰藜（*Bassia dasyphylla*）、黑沙蒿（*Artemisia ordosica*）、赖草（*Leymus secalinus*）、小画眉草（*Eragrostis pilosa*）
发育阶段	白刺、沙芦草、猪毛蒿、圆头藜（*Chenopodium strictum*）、小藜（*Chenopodium ficifolium*）、独行菜、尖头叶藜、角蒿（*Incarvillea sinensis*）、苦荬菜（*Ixeris denticulata*）、阿尔泰狗娃花（*Heteropappus altaicus*）、稗（*Echinochloa crusgalli*）、西伯利亚蓼
成熟阶段	白刺、猪毛蒿、沙芦冰草、雾冰藜、藜（*Chenopodium album*）、萹蓄（*Polygonum aviculare*）、稗、赖草、西伯利亚蓼、黑沙蒿、尖头叶藜、苦豆子（*Sophora alopecuroides*）、砂蓝刺头（*Echinops gmelinii*）、阿尔泰狗娃花、苦荬菜、薄翅猪毛菜（*Salsola pellucida*）、披针叶野决明（*Thermopsis lanceolata*）、角蒿
衰退阶段	白刺、猪毛蒿、沙木蓼（*Atraphaxis bracteata*）、西伯利亚蓼、小藜（*Chenopodium serotinum*）、冰草、雾冰藜、尖头叶藜、阿尔泰狗娃花、圆头藜、粱（*Setaria italica*）、白草（*Pennisetum centrasiaticum*）、角蒿

不同演化阶段灌丛形态特征如表 6-2 所示，其形态上辨识度大、发育阶段的灌丛堆盖度最大为 88%，不同演化阶段间灌丛长短轴及高度存在显著差异（P>0.05），随着演化时间的推移，灌丛堆不断增大直至成熟期结束，衰落期灌丛堆便开始坍塌，出现风蚀现象。迎风与背风坡度在不同演化阶段中不存在显著性差异（P>0.05），这可能是由于灌丛位置聚集，影响风向所致。

表 6-2　不同演化阶段的灌丛形态特征

演化阶段	盖度（%）	长轴（cm）	短轴（cm）	高度（cm）	迎风坡坡度（°）	背风坡坡度（°）
初级阶段	0.60± 0.09b	47.00±19.16c	45.80±11.70c	34.50±11.10c	10.67±3.21a	18.50±7.80b
发育阶段	0.88±0.08a	123.00±21.79b	68.80±8.00bc	57.70±13.60bc	19.00±6.25a	11.33±1.15b
成熟阶段	0.69±0.14ab	186.00±53.67a	131.31±30.90a	11.67±20.00a	21.00±12.12a	17.33±7.64b
衰退阶段	0.67±0.08b	192.00±27.40a	80.22±13.11b	76.00±9.60b	23.33±1.15a	18.33±3.51a

6.2　不同演化阶段白刺灌丛堆土壤的理化特性

6.2.1　土壤的物理特性

表 6-3 与表 6-4 是在时空两尺度下分别进行单因素方差分析而得，每一阶段内沙堆的 3 个个体空间位置及其 3 层垂直空间共同进行空间尺度下的方差分析；4 个演化阶段中每一个个体空间位置的某一垂直空间分别进行时间尺度下的方差分析。

土壤容重在每一阶段内不同空间位置上相近（表 6-3）；其容重最高值分别位于堆间地及初级阶段沙堆顶端的 0～10 cm 深、发育阶段沙堆中部与沙堆下缘的 20～40 cm 深、成熟及衰退阶段沙堆下缘的 0～10 cm 深，可能由于白刺根系密集于 10～20 cm 深；但不同演化阶段除初级阶段，其他阶段在不同空间位置上均不存在显著性差异（P>0.05）；初级阶段沙堆中部 10～20 cm 深容重为各空间位置最低值，为 1.29，与其阶段内其他位置之间具有显著性，发育阶段灌丛沙堆较为低矮，其沙堆中部白刺生长旺盛。其容重时间差异性主要表现于沙堆顶端的 0～10 cm 深初级与发育阶段间、10～20 cm 深初级与衰退阶段间，沙堆下缘的 0～10 cm 深初级、成熟、衰退阶段间，20～40 cm 深初级与衰退阶段间，初级阶段白刺生长状况良好，不存在枯死现象；沙堆中部处不同演化阶段间不存在显著性差异（P>0.05），沙堆中部处各阶段植被盖度相近。

表 6-3　不同演化阶段的土壤容重特征

	土层	堆间地	初级阶段	发育阶段	成熟阶段	衰退阶段
顶端	0～10	1.55±0.03Aa	1.46±0.03 Ab	1.40±0.04Ac	1.42±0.01Abc	1.44±0.04Abc
	10～20	1.54±0 Aa	1.33±0.09 BCc	1.39±0.04Abc	1.43±0.09Abc	1.47±0.01Aab
	20～40	1.49±0.04Aa	1.42±0.03Aa	1.39±0.10Aa	1.48±0.06Aa	1.47±0.03Aa
中部	0～10	—	1.34±0.01BCa	1.66±0.51Aa	1.47±0.04Aa	1.43±0.07Aa
	10～20	—	1.29±0.07Ca	1.69±0.43Aa	1.41±0.10Aa	1.45±0.07Aa
	20～40	—	1.39±0.05ABa	1.73±0.44Aa	1.40±0.08Aa	1.46±0.04Aa

续表

	土层	堆间地	初级阶段	发育阶段	成熟阶段	衰退阶段
下缘	0～10	—	1.42±0.03Ab	1.47±0.05Aab	1.50±0.02Aa	1.51±0.05Aa
	10～20	—	1.42±0.03Aa	1.45±0.01Aa	1.46±0.07Aa	1.52±0.08Aa
	20～40	—	1.39±0.01ABb	1.46±0.01Aab	1.47±0.04Aab	1.53±0.14Aa

灌丛堆土壤颗粒机械组成主要为由黏粒、粉粒和极细砂粒组成（表 6-4），含量为 92%～100%。不同演化阶段中，黏粒、粉粒和极细砂所占比例不同，初期、衰退阶段中所含的粉粒较多，约占总颗粒组成的 39.37%、40.75%，而发育、成熟阶段的细砂粒含量较高，分别占到总颗粒组成的 40.05%、40.57%。且沙堆下缘 10～20 cm 深土壤初级阶段与发育、衰退阶段间存在显著性差；沙堆顶端 20～40 cm 深发育与初级、成熟阶段存在显著性差异。土壤中粉粒的体积百分比随演化阶段的推移递减，但演化至衰退阶段时其所占比例出现上升趋势；而极细砂的占比变化趋势恰好与黏粒相反；粉粒随演化阶段的推移占比波动较小。20～40 cm 深土壤的粉粒的体积百分比显著低于其他位置序列。

表 6-4　不同演化阶段的土壤颗粒组成特征

演化阶段	沙堆位置	土层深度（cm）	黏粒 <0.02 mm	粉粒 0.02～0.05 mm	极细砂粒 0.05～0.10 mm	细砂粒 0.10～0.25 mm	中砂粒 0.25～0.50 mm	粗砂粒 0.50～1.00 mm
初级阶段	顶端	0～10	22.09±6.10Aa	43.14±2.95Aa	33.21±7.38Aa	1.14±0.83Aab	0.28±0.33Aab	0.09±0.16Aa
		10～20	24.25±7.02Aa	42.43±1.71Aa	31.98±7.35Aa	1.27±0.74Aab	0.07±0.10Ab	0±0Aa
		20～40	25.22±5.94Aa	39.07±3.11Aab	33.02±7.28Aa	2.02±1.39Aab	0.55±0.67Aa	0.11±0.20Aa
	中部	0～10	22.92±7.20Aa	42.45±1.93Aa	33.74±8.31Aa	0.88±0.33Ab	0.02±0.03Ab	0±0Aa
		10～20	22.55±6.21Aa	40.74±0.87Aa	35.39±6.62Aa	1.30±0.38Aab	0.02±0.04Ab	0±0Aa
		20～40	24.70±4.12Aa	35.41±1.05Ab	37.85±3.80Ba	2.03±1.35Aab	0±0Ab	0±0Aa
	下缘	0～10	20.41±6.27Aa	40.43±0.68Aa	37.80±6.50Aa	1.33±0.91ABab	0.03±0.05Ab	0±0Aa
		10～20	23.90±6.53Aa	39.26±1.91Aab	35.47±5.06Aa	1.36±0.43Aab	0±0Ab	0±0Aa
		20～40	31.90±11.98Aa	31.43±5.31Ab	33.92±8.07Aa	2.74±1.66Aa	0±0.01Ab	0±0Aa
发育阶段	顶端	0～10	20.84±2.88Aa	45.85±3.75Aa	32.85±5.76Ab	0.47±0.79Ab	0±0Aa	0±0Aa
		10～20	19.42±2.96Aa	43.95±2.55Aab	36.04±4.98Ab	0.60±0.60Ab	0±0Aab	0±0Ab
		20～40	18.57±11.00Aa	32.28±0.84Ac	44.02±7.97Aab	4.78±2.14Aa	0.31±0.23Ab	0.18±0.21Ab
	中部	0～10	17.15±2.25Aa	42.22±1.98Aab	39.95±3.56Aab	0.68±0.67Ab	0±0Ab	0±0Ab
		10～20	17.60+2.72Aa	42.55+2.98Aab	39.24±5.02Aab	0.61±0.73Ab	0±0Ab	0±0Ab
		20～40	23.00±13.56Ba	33.05±5.1Ac	40.87±8.63Aab	2.87±2.38Aab	0.18±0.31Ab	0.03±0.06Ab
	下缘	0～10	15.14±1.02Aa	42.98±1.81Bab	41.50±2.40Aab	0.37±0.39Ab	0±0Ab	0±0Ab
		10～20	13.94±1.58Aa	39.15±3.45Ab	45.79±4.03Aa	1.12±0.74Ab	0±0Ab	0±0Ab
		20～40	24.99±10.63Aa	31.79±3.46Ac	40.22±5.75Aab	2.98±1.72Aab	0.01±0.02Ab	0±0Ab

续表

演化阶段	沙堆位置	土层深度（cm）	黏粒	粉粒	极细砂粒	细砂粒	中砂粒	粗砂粒
			<0.02 mm	0.02～0.05 mm	0.05～0.10 mm	0.10～0.25 mm	0.25～0.50 mm	0.50～1.00 mm
成熟阶段	顶端	0～10	22.25±0.93Aa	45.07±2.43Aa	32.33±2.59Aa	0.35±0.37Aa	0±0Aa	0±0Aa
		10～20	19.91±4.89Aa	42.38±2.52Aab	36.76±6.62Aab	0.94±0.75Aab	0±0Aab	0±0Aa
		20～40	17.54±4.90Aa	37.44±3.42Aab	41.72±6.18Aab	2.73±1.52Aab	0.48±0.65Ab	0.09±0.16Aa
	中部	0～10	16.77±4.31Aa	42.36±5.68Aab	40.16±9.12Aab	0.71±0.83Aab	0±0Ab	0±0Aa
		10～20	16.85±4.93Aa	39.37±5.29Aab	41.67±7.68Aab	1.98±2.41Aab	0.13±0.23Ab	0.02±0.04Aa
		20～40	18.90±4.84ABa	34.07±3.39Aab	43.77±4.82ABab	3.25±1.70Ab	0.01±0.01Ab	0±0Aa
	下缘	0～10	16.70±6.20Aa	41.40±5.46Ab	40.89±10.67Aab	1.01±0.99ABb	0±0Ab	0±0Aa
		10～20	16.67±3.79Aa	40.03±4.35Ab	42.17±6.97Aab	1.13±1.09Ab	0±0Ab	0±0Aa
		20～40	18.24±9.68Aa	34.08±1.83Ab	45.67±8.67Ab	2.00±0.59Ab	0±0Ab	0±0Aa
衰退阶段	顶端	0～10	22.38±2.20Aa	45.95±2.19Aa	31.60±3.50Aa	0.06±0.09Aa	0±0Aa	0±0Aa
		10～20	18.31±3.41Aa	42.83±3.16Aa	38.20±6.01Aab	0.66±0.61Aab	0±0Ab	0±0Aa
		20～40	25.52±6.29Aab	35.17±2.78Aa	37.51±3.36Aab	1.78±0.18Aab	0.03±0.03Ab	0±0Aa
	中部	0～10	18.25±1.92Aab	44.91±3.83Aa	36.52±5.25Aab	0.32±0.45Ab	0±0Ab	0±0Aa
		10～20	18.05±2.92Ab	42.25±3.25Aab	39.17±5.40Aab	0.52±0.33Ab	0±0Ab	0±0Aa
		20～40	29.26±7.91Bb	34.25±4.31Aab	35.48±5.00ABab	1.01±0.15Ab	0±0Ab	0±0Aa
	下缘	0～10	13.84±4.36Ab	47.64±5.55ABb	38.30±5.03Aab	0.22±0.30Bb	0±0Ab	0±0Aa
		10～20	16.14±2.45Ab	40.74±4.83Ab	42.10±5.16Aab	1.02±0.89Ab	0±0Ab	0±0Aa
		20～40	30.32±12.36Ab	33.00±5.82Ab	36.01±7.00Ab	0.66±0.69Ab	0±0Ab	0±0Aa

6.2.2 土壤的化学特性

本研究中土壤的化学特性指标在时空两尺度下分别进行单因素方差分析，每一阶段内沙堆的 3 个个体空间位置及其 3 层垂直空间共同进行空间尺度下的方差分析；4 个演化阶段中每一个个体空间位置的某一垂直空间分别进行时间尺度下的方差分析。

研究区土壤 pH 均在 7.9 以上，属于弱碱性土壤。不同演化阶段沙堆顶端位置 0～10 cm 深 pH 均表现为发育、成熟阶段高于初级、衰退阶段，不同演化阶段沙堆顶端 10～20 cm 深土壤 pH 没有显著差异，不同演化阶段沙堆顶端 20～40 cm 除了发育阶段显著高于其他阶段，其他阶段的变化没有显著差异。不同演化阶段沙堆中部位置 0～10 cm 初级阶段高于其他阶段，其他阶段没有显著变化，10～20 cm 土层 pH 有高-低-高-低的波动现象。不同演化阶段沙堆中部位置 20～40 cm 仅在发育阶段偏高[图 6-1（a）]。在初级阶段中，其空间位置差异性主要表现为 20～40 cm 深>10～20 cm 深>0～10 cm 深，垂直差异性显著；在发育及成熟阶段，其垂直差异性不明显，仅沙堆下缘 20～40 cm 与其他空间位置存在差异性；在衰退阶段，沙堆下缘 pH 大于沙堆顶端、沙堆中部且其之间存在显著性差异。每一阶段沙堆下缘 20～40 cm 土壤 pH 均高于其他空间位置，这可能与白刺灌丛生长有关，植物的调节作用降低土壤的 pH。

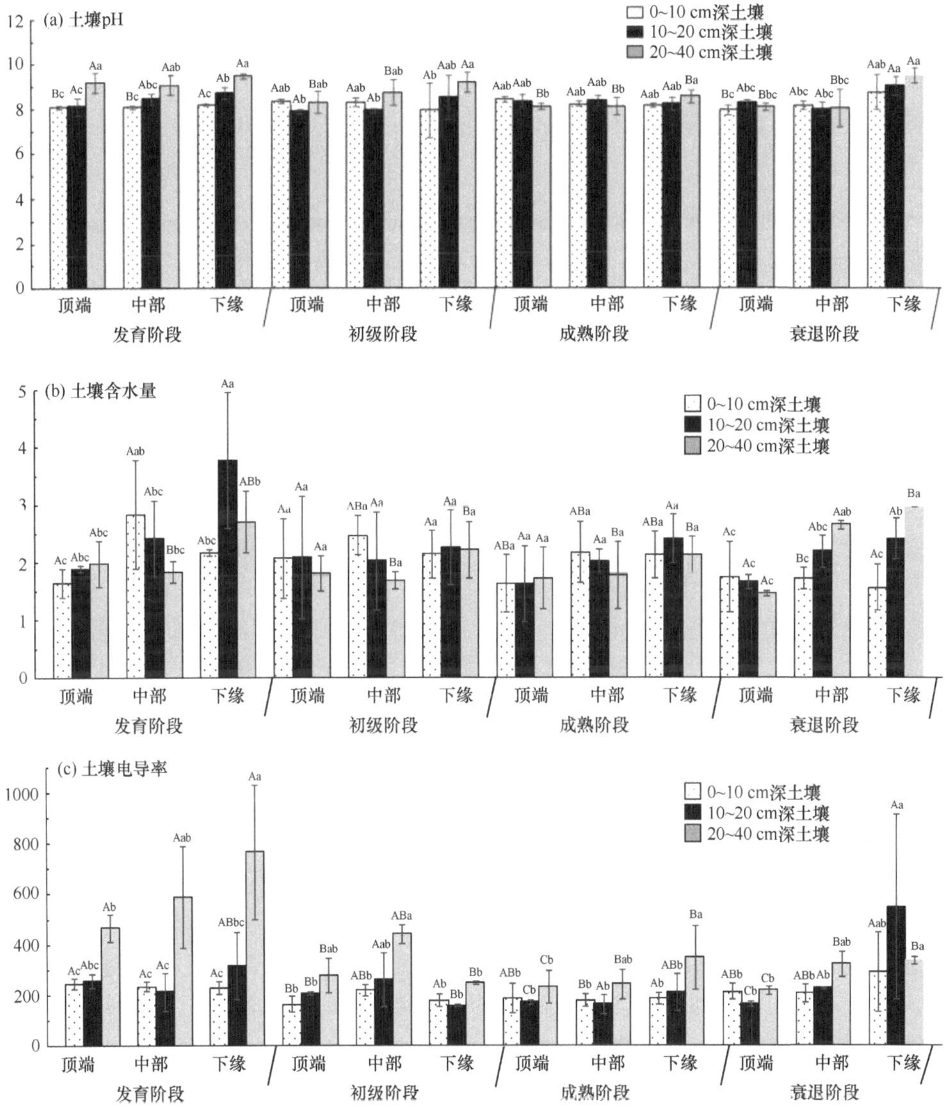

图 6-1　不同演化阶段白刺灌丛堆土壤的（a）pH、（b）含水量、和（c）电导率特征

数值为平均数±标准误，大写字母不同表示不同演化阶段间具有显著性差异；小写字母不同表示同一演化阶段在空间上具有显著性差异。下同

各演化阶段空间序列土壤含水量表现相似，发育阶段表层（0～10 cm）土壤顶端与中部之间有显著性，为沙堆中部>沙堆下缘>沙堆顶端，沙堆顶端位置显著低于沙堆中部；10～20 cm 深为沙堆下缘>沙堆中部>沙堆顶端；20～40 cm 初级与发育阶段为沙堆下缘>沙堆顶端>沙堆中部，成熟与衰退阶段为沙堆下缘>沙堆中部>沙堆顶端；衰退阶段沙堆下缘位置 20～40 cm>10～20 cm>0～10 cm，20～40 cm 显著高于前两土层[图 6-1（b）]。发育阶段沙堆中部表层土壤含水量显著高于衰退阶段，衰退阶段下缘 0～10 cm 土壤含水量显著低于初级阶段和成熟阶段，衰退阶段下缘 10～20 cm 土壤含水量显著低于发育阶段、初级阶段和成熟阶段。

土壤电导率在不同空间序列中整体表现为沙堆下缘 20～40 cm 含量最高[图 6-1（c）]。在 20～40 cm 深度，发育阶段的顶端、中部和下缘，初级阶段的中部，以及成熟阶段的下缘均显著高于对应位置的 0～10 cm 深度土壤。衰退阶段 10～20 cm 沙堆下缘显著高于顶端。沙堆顶端、中部位置电导率表现为初级阶段>发育阶段>成熟阶段>衰退阶段。表层土壤主要在初级阶段、成熟阶段和衰退阶段存在显著差异。

结果表明，白刺灌丛随演化阶段的推移能够提高土壤的含水量与电导率。通过与堆间地、衰退阶段的对照发现，初级阶段沙堆中部位置 10～20 cm 处 pH 小，且差异显著；每一阶段沙堆下缘 20～40 cm 土壤 pH 均高于其他空间位置。堆间地、衰退阶段的电导率较低，而初级阶段沙堆中部位置表层土壤的储水量显著高于衰退阶段，衰退阶段沙堆下缘 20～40 cm 深土壤的储水量显著高于发育及成熟阶段。所以，初级阶段能够更显著地提高沙堆中部位置的含水量、电导率，降低土壤 pH，而衰退阶段仅有沙堆下缘 20～40 cm 处比其他演化阶段储水效果明显。

不同演化阶段灌丛堆的土壤养分含量有一定的差异（表 6-5）。其不同演化阶段全碳含量差异不显著，但随着演化阶段的推移，沙堆顶端 20～40 cm 深土层全氮含量递增，演化至衰退阶段时，出现降低现象，但差异不明显，仅初级阶段显著低于其他演化阶段。灌丛沙堆中部位置 10～20 cm 深土层速效磷按演化阶段的推移表现为先降低至衰退阶段出现上升趋势，初级阶段、成熟阶段平均含量分别约为 20 mg/kg、6 mg/kg，且演化前三个阶段间存在显著差异；而 20～40 cm 深土壤及沙堆顶端 0～10 cm 深的表现规律则相反。土壤有机碳含量随演化阶段的推移而增加，直至衰退阶段有机质含量降低，且为各阶段的最低值，沙堆中部 10～20 cm 处表现最为显著。说明随白刺灌丛堆演化阶段的推移于衰退阶段前能够增加土壤中全氮、有机碳、沙堆中部 20～40 cm 深速效磷含量，降低沙堆中部 0～20 cm 深速效磷含量，演化至衰退阶段时出现相反的规律。

表 6-5　不同演化阶段的土壤养分含量特征

演化阶段	沙堆位置	土层深度（cm）	全氮 TN（g/kg）	全碳 TC（g/kg）	碳氮比 C/N	速效磷 AP（mg/kg）	有机碳 SOC（g/kg）
初级阶段	顶端	0～10	0.06±0.01Aab	0.96±0.10Ab	17.65±1.75Ab	12.09±5.07Ac	2.52±0.24Aab
		10～20	0.05±0.01Aab	0.95±0.09Ab	17.10±2.16Ab	11.49±4.05Acd	2.03±0.25Bb
		20～40	0.04±0.01Bab	0.84±0.11Ab	18.65±2.93Aab	10.29±1.62Acd	2.43±0.25Bab
	中部	0～10	0.06±0.02Aab	0.06±0.02Aa	28.41±3.43Aa	17.52±2.75Ab	2.58±0.06Aa
		10～20	0.04±0.02Ab	0.59±0.50Ab	12.16±10.35Ab	25.34±0.96Aa	2.16±0.09Bb
		20～40	0.05±0.01Aab	0.83±0.10Ab	18.15±2.75Aa	5.00±0.31Bd	2.23±0.29Aab
	下缘	0～10	0.06±0.02Aa	1.27±0.55Aab	19.71±2.15Aab	16.14±2.14Abc	2.54±0.25Aab
		10～20	0.04±0Ab	0.86±0.01Ab	22.01±0.90Aab	13.31±3.56Abc	2.21±0.24Bab
		20～40	0.04±0.01Aab	0.57±0.48Ab	14.29±12.47Ab	6.93±0.82Ad	2.38±0.31Aab
发育阶段	顶端	0～10	0.06±0.01Aa	1.00±0.07Aa	17.11±2.06Aa	13.57±3.34Aa	3.53±0.83Aa
		10～20	0.05±0.01Aab	0.98±0.11Aab	18.52±2.86Aa	7.81±0.84Abc	3.36±0.34ABab
		20～40	0.05±0.01ABab	0.82±0.06Aab	15.90±1.18Aa	10.42±2.78ABab	2.8±0.24ABab
	中部	0～10	0.06±0.01Aa	0.92±0.17Aab	16.31±1.15Aa	8.92±2.57Bb	2.83±0.13Aab
		10～20	0.06±0.01Aa	0.91±0.07Aab	15.83±1.66Aa	8.19±1.55Bbc	2.72±0.52Ab
		20～40	0.05±0.01Aab	0.79±0.11Ab	15.92±1.55Aa	6.76±2.27Bbc	2.53±0.48Ab
	下缘	0～10	0.05±0Aab	0.81±0.13Aab	16.58±3.15Aa	4.02±0.17Dc	2.58±0.66Ab
		10～20	0.05±0.01Aab	0.86±0.15Aab	20.36±7.48Aa	5.23±0.85Bbc	2.01±0.41Bb
		20～40	0.04±0.01Ab	0.87±0.14Aab	20.14±5.44Aa	8.4±5.27Abc	1.95±0.05Ab
成熟阶段	顶端	0～10	0.06±0.01Aab	1.00±0.08Aa	16.50±1.00Aa	8.38±1.15Aab	3.14±0.63Aa
		10～20	0.05±0.01ABb	0.76±0.10AB	15.76±1.19Aa	9.05±1.55Aa	3.36±0.29ABa
		20～40	0.06±0.01Aab	0.88±0.10AAb	16.19±1.18Aa	9.24±2.21Aa	3.04±0.08Aa
	中部	0～10	0.07±0.02Aa	0.98±0.11Aab	14.03±3.78Aa	6.36±1.55Bb	1.36±1.11Bb
		10～20	0.05±0.01Ab	0.86±0.18Aab	16.59±3.59Aa	5.89±0.67Cb	3.11±0.25Aa
		20～40	0.05±0.01Ab	0.86±0.16Aab	15.58±0.80Aa	9.29±0Aa	2.60±0.78Aab
	下缘	0～10	0.06±0Aab	0.94±0.13Aab	16.30±2.39Aa	8.04±1.53Cab	1.94±0.27Ab
		10～20	0.05±0.01Ab	0.85±0.13Aab	18.67±2.35Aa	5.84±0.35Bb	2.83±0.28Aab
		20～40	0.05±0.01Ab	0.80±0.15Aab	18.68±5.70Aa	5.26±0.86Ab	1.77±0.91Ab
衰退阶段	顶端	0～10	0.06±0.01Aa	0.98±0.05Aab	17.61±0.72Aab	8.17±3.37Aab	2.86±0.44Aab
		10～20	0.05±0.01Aa	0.84±0.07ABb	16.94±0.08Aab	8.49±2.05Aab	2.35±0.03Bb
		20～40	0.05±0.01ABa	0.75±0.05Ab	16.72±0.76Aab	8.40±2.81Aab	2.60±0.1Bab
	中部	0～10	0.04±0.03Aa	0.88±0.15Ab	11.21±9.79Ab	8.14±5.29Bab	3.34±0.66Aa
		10～20	0.05±0Aa	0.81±0.11Ab	16.17±1.66Aab	7.98±0.31Bab	2.00±0.08Bbc
		20～40	0.05±0.01Aa	0.80±0.04Ab	16.27±0.79Aab	5.78±0.43Bb	1.99±0.75Abc
	下缘	0～10	0.05±0Aa	1.09±0Aa	20.19±0Aa	12.29±2.81Ba	2.27±0.35Ab
		10～20	0.05±0.01Aa	0.88±0.11Ab	18.89±4.86Aa	6.19±0.72Bb	2.6±0.18ABab
		20～40	0.04±0.01Aa	0.88±0.11Ab	18.96±3.96Aa	6.57±2.16Ab	1.28±0.70Ac

6.3 土壤理化性质与土壤颗粒组成之间的相关性分析

土壤中的大多理化指标均与土壤颗粒组成之间存在显著的相关性，Pearson 相关性分析表明（表 6-6），土壤理化指标与黏粒、粉粒的相关性高，而与极细砂的相关性较低，与细砂粒、中砂粒、粗砂粒未表现出相关性。土壤 pH、电导率与黏粒之间具有显著正相关（$P<0.05$），与粉粒之间具有极显著的负相关（$P<0.01$）；全氮仅与黏粒之间具有显著负相关；而有机碳与黏粒之间存在极显著负相关，与极细砂粒之间具有显著正相关；全碳与粉粒具有显著正相关。

表 6-6 土壤理化性质与土壤颗粒组成之间的 Pearson 相关性

指标	黏粒	粉粒	极细砂粒	细砂粒	中砂粒	粗砂粒
土壤容重	0.050	–0.131	0	0.037	–0.03	0.005
土壤 pH	0.212*	–0.399**	–0.027	0.017	–0.175	–0.145
电导率	0.222*	–0.429**	–0.021	0.002	–0.119	–0.114
土壤含水量	0.166	–0.105	–0.11	–0.077	–0.067	–0.082
全氮	–0.212*	0.171	0.142	–0.069	–0.003	0.066
全碳	–0.136	0.191*	0.067	–0.168	–0.058	–0.048
碳氮比	0.102	–0.024	–0.087	–0.082	–0.04	–0.063
速效磷	0.046	0.111	–0.089	–0.043	0.037	–0.031
土壤有机碳	–0.302**	0.175	0.222*	0.038	0.088	0.089

注：*表示相关性的显著水平（$P<0.05$），**表示相关性的显著水平（$P<0.01$）

6.4 总　　结

关于白刺灌丛堆在不同演化阶段中植被特征的异质性已有相关报道，与本研究的变化趋势一致（樊瑞霞，2016）。已有研究证明灌丛堆的发育与环境有密切关系，受植被生长状况、风力、沙源及地下水影响很大，而水分条件是灌丛生长的主要限制因子（刘哲等，2016），通过植被根系的调节作用，沙生植物可以降低土壤 pH，促进土壤中水分及养分的吸收利用。靳虎甲等（2013）、刘任涛（2014）研究发现在固沙过程中，土壤 pH 随着固沙年限的变化，土壤 pH 呈现出先降低后增加的趋势，而土壤溶液电导率随着固沙年限的增加而升高。本研究也揭示白刺灌丛随演化阶段的推移能够提高土壤的含水量与电导率、降低土壤的 pH。

灌丛堆土壤颗粒机械组成主要由黏粒、粉粒和极细砂粒组成，其含量累计达 92%～100%。不同演化阶段中，黏粒、粉粒和极细砂所占比例不同，初期、衰退阶段中所含的粉粒较多，而发育、成熟阶段的细砂粒含量较高，而此研究结果与杜建会等（2009）人在民勤绿洲地区关于白刺灌丛沙堆在不同演化阶段中表面土壤组成的研究结果相反，这可能是由于研究区生环境条件差异所产生的异质性。

土壤有机碳、全氮是土壤肥力的重要指标，在不同演化阶段中，土壤的养分含量有一定的差异，随演化阶段的推移能够增加土壤中全氮、有机碳、速效磷含量，这与杜建会、樊瑞霞等人在白刺灌丛堆土壤理化性质的研究结果相同。综合分析表明，随演化阶段的推移，有利于提升灌丛沙堆土壤性状及结构，促使土壤理化性质向良好的方向发展。

参 考 文 献

杜建会, 严平, 丁连刚, 等. 2009. 勤绿洲不同演化阶段白刺灌丛沙堆表面土壤理化性质研究. 中国沙漠, 29(02): 248-253.

杜建会, 严平, 展秀丽, 等. 2008. 民勤绿洲白刺灌丛沙堆不同演化阶段表面抗蚀性及其影响因素. 应用生态学报, 2008(04): 763-768.

樊瑞霞. 2016. 白刺灌丛堆土壤—植被空间变化特征及相关关系研究. 宁夏大学硕士学位论文

靳虎甲, 马全林, 何明珠, 等. 2013. 石羊河下游白刺灌丛演替过程中群落结构及数量特征. 生态学报, 33(07): 2248-2259.

刘任涛. 2014. 沙地灌丛的“沃岛”和“虫岛”形成过程、特征及其与生态系统演替的关系. 生态学杂志, 33(12): 3463-3469.

刘哲, 梅续芳, 张玮, 等. 2016. 荒漠区狭叶锦鸡儿灌丛的微气候特征. 干旱区研究, 02: 308-312.

第 7 章　荒漠草原沙化区不同演化阶段白刺灌丛堆土壤细菌群落结构及多样性分析

7.1　不同演化阶段白刺灌丛堆土壤细菌群落运算分类单元分析

对各样品测序得到的细菌 OTU 分析表明（图 7-1），从堆间地开始演化阶段各阶段土壤中的 OTU 数分别为 15 634 个、40 752 个、43 960 个、42 670 个、43 059 个，其中堆间地和 4 个演化阶段之间在灌丛堆不同空间序列共有的 OTU 数分别为 2436 个、2392 个、2337 个、2129 个、2173 个、2062 个、2193 个、2173 个、2062 个。0～10 cm 深灌丛堆沙堆顶端部分发育阶段特有的 OTU 数高，沙堆中部、沙堆下缘部分分别为随演化阶段推移其特有的 OTU 数分别降低、增大。10～20 cm 深沙堆顶端位置堆间地与初级阶段特有的 OTU 数高，并随演化阶段的推移特有的 OTU 数将减少，沙堆中部、沙堆下缘 OTU 最高值分别出现在堆间地、成熟阶段及堆间地、发育阶段。10～20 cm 深的最高值出现在堆间地及发育阶段。

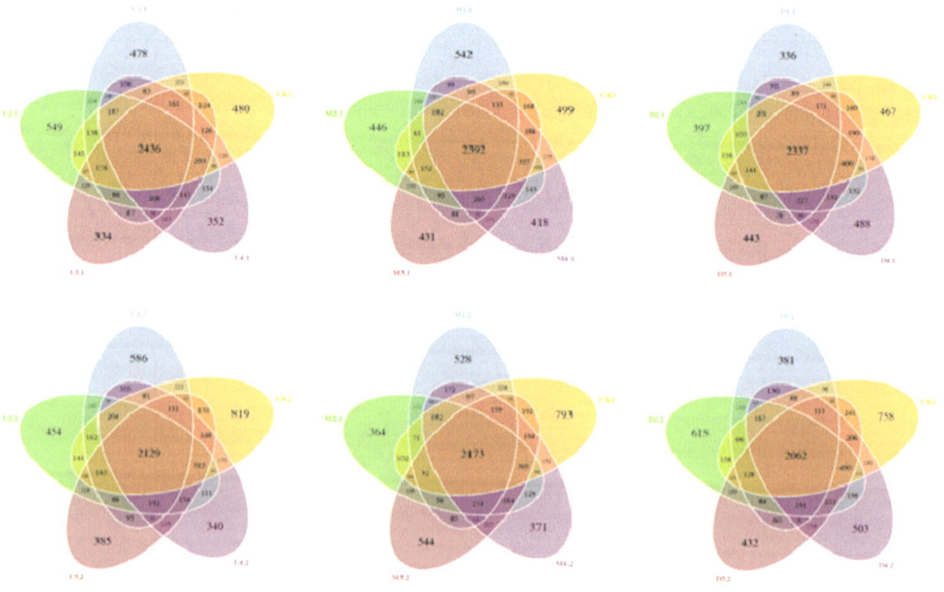

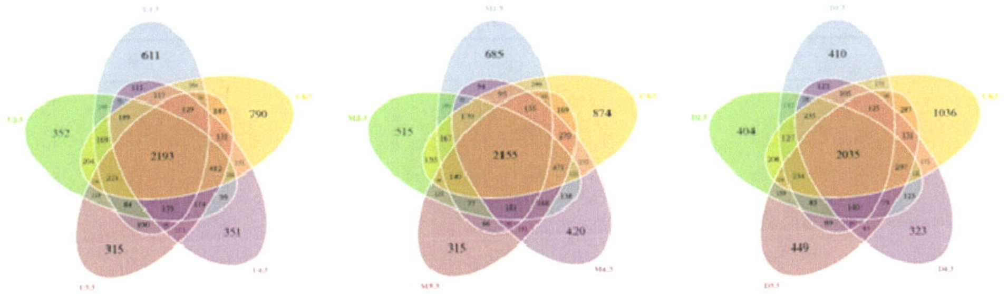

图 7-1　不同演化阶段灌丛堆土壤细菌群落的 OTU Venn 图

第一行：0～10 cm 土壤顶部、中部和堆间地 OTU 数的比较；第二行：中部 10～20 cm 土壤和堆间地 OTU 数的比较；第三行：底部 20～40 cm 土壤和间地 OTU 数的比较

7.2　不同演化阶段白刺灌丛堆土壤细菌群落组成分析

通过测序分析，进行物种注释，能注释的 OTU 数占 99.95%（表 7-1）。白刺灌丛堆中共检测出约 56 门，64 纲，152 目，309 科，839 属，614 种（表 7-2）。在门和属水平下，初级阶段的细菌组成数多于其他演化阶段，差异明显。下面主要从门水平、目水平及属水平进行不同演化阶段灌丛堆细菌群落组成之间的差异分析。

表 7-1　物种注释结果

注释水平	OTU 总数	数据库	无法分类	界	门	纲	目	科	属	种
注释占比	12 267	12 261（99.95%）	6（0.05%）	99.95%	91.16%	79.95%	66.90%	52.42%	31.68%	7.00%

表 7-2　不同土壤类型中土壤细菌的群落结构组成

演化阶段	沙堆位置	土层深度（cm）	门	纲	目	科	属	种
堆间地	—	0～10	29	43	91	155	293	142
		10～20	31	49	96	164	327	177
		20～40	33	49	109	188	343	188
初级阶段	顶端	0～10	29	49	102	174	309	150
		10～20	31	49	93	167	317	156
		20～40	28	45	96	161	308	161
	中部	0～10	32	48	97	164	315	161
		10～20	30	48	94	166	298	141
		20～40	29	45	101	183	382	201
	下缘	0～10	28	46	97	176	349	190
		10～20	32	48	99	168	293	125
		20～40	29	45	105	186	366	189

续表

演化阶段	沙堆位置	土层深度（cm）	门	纲	目	科	属	种
发育阶段	顶端	0～10	30	47	101	178	331	189
		10～20	30	47	97	161	317	146
		20～40	29	45	95	170	351	189
	中部	0～10	30	47	97	176	330	186
		10～20	32	48	92	166	297	150
		20～40	31	51	102	182	357	199
	下缘	0～10	31	47	99	169	320	179
		10～20	31	46	97	169	318	169
		20～40	29	43	95	163	327	159
成熟阶段	顶端	0～10	31	47	93	162	312	165
		10～20	31	46	101	171	319	144
		20～40	27	44	95	163	314	158
	中部	0～10	30	47	94	162	310	161
		10～20	33	46	106	178	358	175
		20～40	27	44	92	162	321	176
	下缘	0～10	33	46	98	168	341	172
		10～20	31	43	96	167	318	149
		20～40	29	45	92	166	330	176
衰退阶段	顶端	0～10	31	47	94	164	311	149
		10～20	29	48	97	171	330	176
		20～40	31	48	95	174	341	182
	中部	0～10	30	46	97	166	325	166
		10～20	31	48	100	175	345	179
		20～40	30	47	96	178	341	180
	下缘	0～10	29	44	96	167	335	179
		10～20	34	45	101	171	309	176
		20～40	28	43	92	180	371	188

7.2.1 门水平上土壤细菌群落的丰度比较

不同演化阶段灌丛堆所含的优势菌门（丰度占比前 10）如图 7-2 所示，主要分布在 10 个门，以初级阶段沙堆顶端 0～10 cm 土层为例，相对丰度占比由高到低分别为放线菌门（Actinobacteria）、变形菌门（Proteobacteria）、酸杆菌门（Acidobacteria）、绿弯菌门（Chloroflexi）、拟杆菌门（Bacteroidetes）、芽单胞菌门（Gemmatimonadetes）、厚壁菌门（Firmicutes）、奇古菌门（Thaumarchaeota）、蓝藻门（Cyanobacteria）、广古菌门（Euryarchaeota），分别占到细菌群落总量的 33.29%、29.27%、13.66%、8.44%、6.69%、2.46%、1.82%、0.52%、0.38%、0.22%，共占细菌总数量的 93.75%。灌丛堆的不同演化阶段所含门类一致，仅个别菌门丰度占比有一定的差异，其中放线菌门和变形菌门为优势菌门，占细菌总数的 60%左右。初级和发育阶段 0～10 cm 深土层及堆间地 0～10 cm、10～20 cm 土层所属放线菌的细菌数量最低，约占细菌总数的 28%；成熟、衰退阶段及初级、发育阶段 20～40 cm 土层所属放线菌的细菌较高，占 30%～52%。在门水平上，灌丛堆不同演化阶段中具有的细菌门类种数差别较小，仅在丰度之间有所差异，酸杆菌门和拟杆菌门均表现为在发育阶段中的丰度含量高于其他演化阶段。灌丛堆的不同演化阶段、不同空间序列含有的细菌门类的丰度存在明显的差异，如 0～10 cm 深土层酸杆菌门在不同演化阶段中变化一致、丰度较高，而 10～20 cm 变化不一致，丰度低于 0～10 cm 深，其丰度按成熟与衰退、发育、初级阶段的顺序依次递减，此位置中除放线与变形两类优势菌门，拟杆菌门、厚壁菌门、绿弯菌门、酸杆菌门丰度较高，初级与发育阶段间变化一致，成熟与衰退阶段间变化一致。

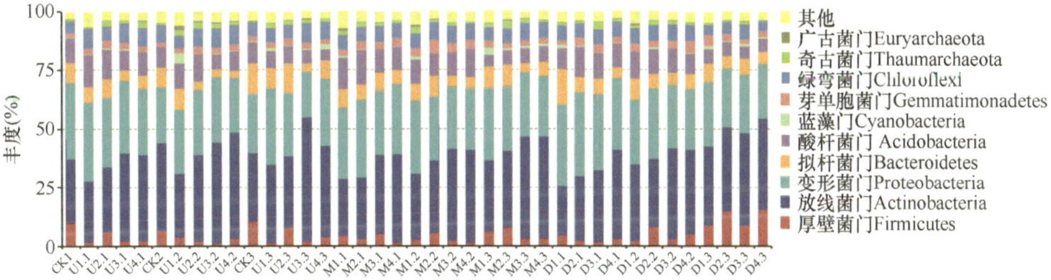

图 7-2　不同演化阶段土壤细菌群落相对丰度前十的细菌门

CK. 堆间地，U. 沙堆顶端，M. 沙堆中部，D. 沙堆下缘；小数点前面的数字按 1～4 的顺序分别代表初级、发育、成熟、衰退阶段，小数点后面数字按 1～3 的顺序分别代表 0～10 cm、10～20 cm、20～40 cm 土层。下同

7.2.2　目水平上土壤细菌群落的丰度比较

从目水平来看（图 7-3），根瘤菌目（Rhizobiales）、鞘脂单胞菌目（Sphingomonadales）、未确认的酸杆菌目、未确认的 γ-变形菌、芽胞杆菌目（Bacillales）、Chitinophagales 在各分组中丰度较高。0～10 cm、10～20 cm 土层沙堆顶端位置初级、成熟、衰退三个阶段统一表现出根瘤菌目丰度较高，而在发育阶段梭菌目（Clostridiales）沙堆中部的丰度较高，很明显是由于发育演化中降低

了土壤根瘤菌目的丰度，增加了梭菌目的丰度；芽孢杆菌目丰度在灌丛堆沙堆下缘 10～20 cm 土层的占比明显高于灌丛堆其他位置序列；堆间地中梭菌目的占比较高，灌丛堆形成后梭菌目占比明显降低。

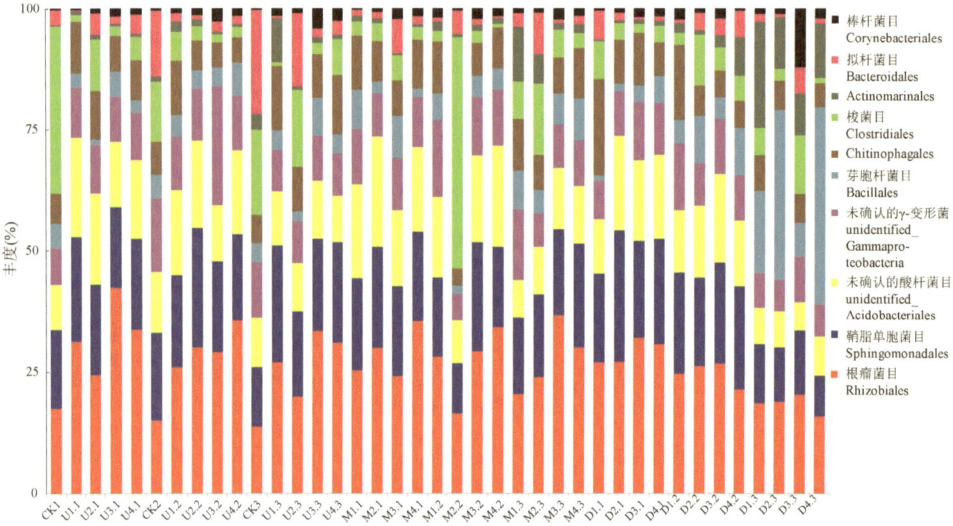

图 7-3　不同土壤类型中土壤细菌群落相对丰度前十的细菌目

7.2.3　属水平上土壤细菌群落的丰度比较

进一步从属水平分析（图 7-4），占细菌总数前十的属有鞘氨醇单胞菌属（*Sphingomonas*）、红色杆菌属（*Rubrobacter*）、类诺卡氏菌属（*Nocardioides*）、普拉梭菌属（*Faecalibacterium*）、琼脂杆菌属（*Agathobacter*）、芽孢杆菌属（*Bacillus*）、拟杆菌属（*Bacteroides*）、红球菌属（*Rhodococcus*）、未确认的放线菌属（unidentified_Actinomyces）、未确认的念珠藻属（unidentified_Nostoc），共占到所有属的 10%左右。不同发育阶段土壤中细菌属的组成比例具有明显的差异，如红球菌在沙堆下缘 10～20cm 深土层中，初级、成熟、衰退阶段的比例分别为 5.2%、36.8%、2.8%，而在发育阶段占 4%。

不同演化阶段中的优势菌属有一定的差异，比如 10～20 cm 深土层，堆间地中的丰度大于 1%的菌属有鞘氨醇单胞菌属、类诺卡氏菌属、芽孢杆菌属、粪杆菌属，分别占到细菌群落总量的 36.2%、12.5%、11.3%、10.4%；沙堆中部位置上初级阶段中有鞘氨醇单胞菌属、红色杆菌属、类诺卡氏菌属、芽孢杆菌属、未确认的放线菌属、未确认的念珠藻属，占比分别为 29.1%、25.4%、12.7%、11.5%、6.1%、

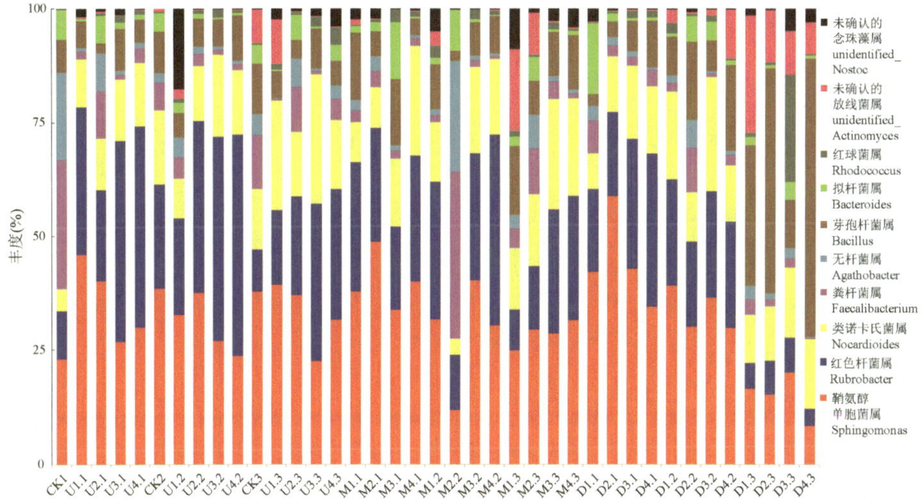

图 7-4　不同土壤类型中土壤细菌群落相对丰度前十的细菌属

8.03%；沙滩中部位置上发育阶段中有鞘氨醇单胞菌属、红色杆菌属、类诺卡氏菌属、粪杆菌属、未确认的放线菌属，占比分别为 16.3%、17.3%、9.6%、36.2%、34.1%；沙滩中部位置上成熟阶段中有鞘氨醇单胞菌属、红色杆菌属、类诺卡氏菌属、粪杆菌属，占比分别为 39.5%、28.1%、24.9%、2.9%；沙滩中部位置上衰退阶段中有鞘氨醇单胞菌属、红色杆菌属、类诺卡氏菌属、芽孢杆菌属、拟杆菌类属，占比分别为 32.5%、34.6%、15.4%、1.43%。

7.3　土壤细菌群落的多样性分析

7.3.1　土壤细菌群落的物种多样性曲线

稀疏曲线用来揭示样本的测序深度，评价当前测序程度是否足以反映该群落样本所包含的微生物多样性（Hector et al.，2010），是生态学领域一种常用方法。从每个样本中随机抽取一定数量的序列，可以预测样本在一系列给定的测序深度下，所可能包含的物种总数及其中每个物种的相对丰度。在相同的测序深度下，比较不同样本中的 OTU 数，从而可以衡量单个样本的多样性高低。

由图 7-5 可以看出，120 个样品的稀释曲线逐渐趋于平缓，说明测序的数据量渐进合理。120 个样本的稀释曲线通过整合后得到 39 个分组的稀释曲线；由图中可以看出物种的丰富程度表现为堆间地丰度最低；沙堆下缘小于沙堆中部、冠中位置；灌丛堆沙堆顶端、沙堆下缘各空间序列表现为发育阶段最高；沙堆中部各空间序列表现为衰退阶段最高。

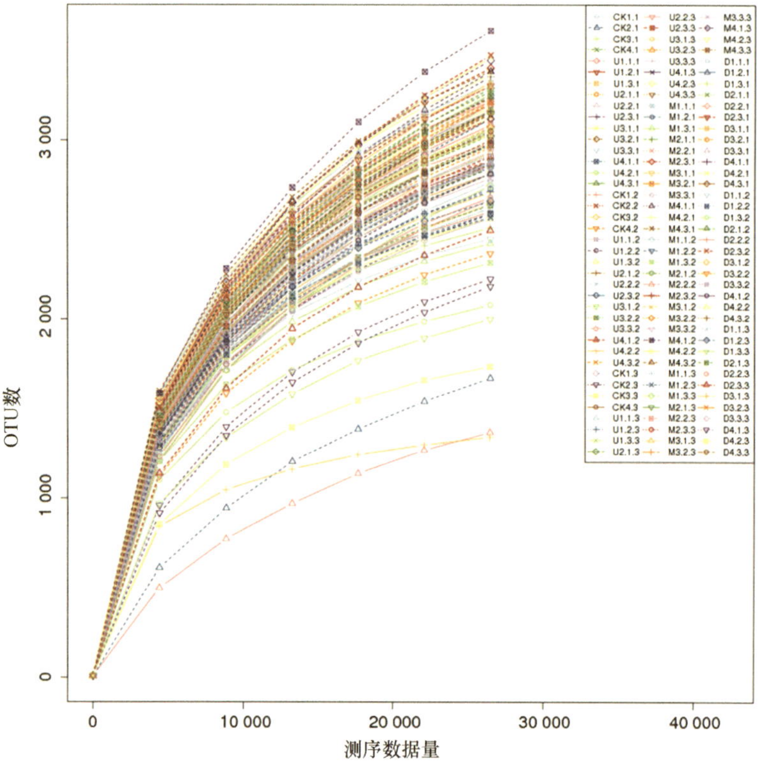
OTU数
0
1 000
2 000
3 000
0
10 000
20 000
30 000
40 000
测序数据量

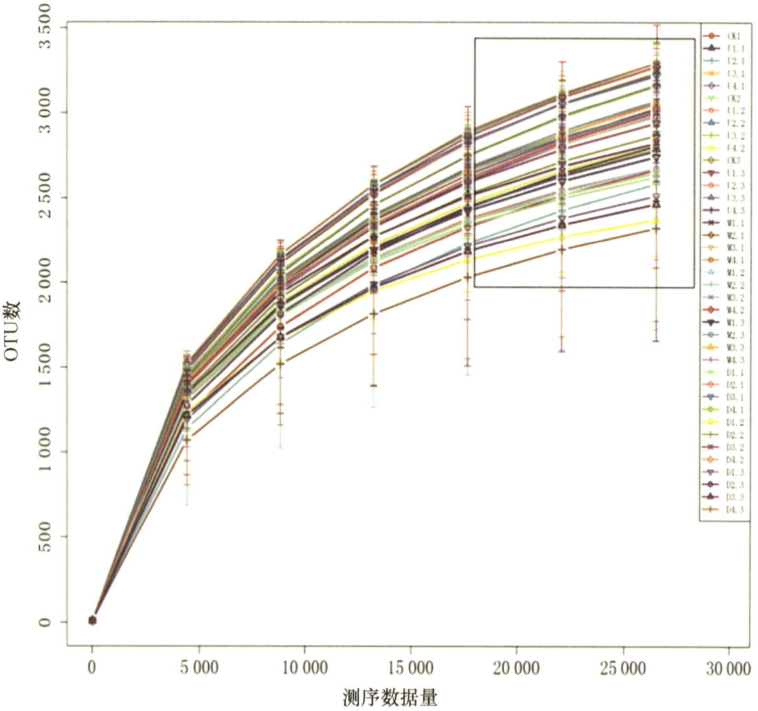
OTU数
0
500
1 000
1 500
2 000
2 500
3 000
3 500
0
5 000
10 000
15 000
20 000
25 000
30 000
测序数据量

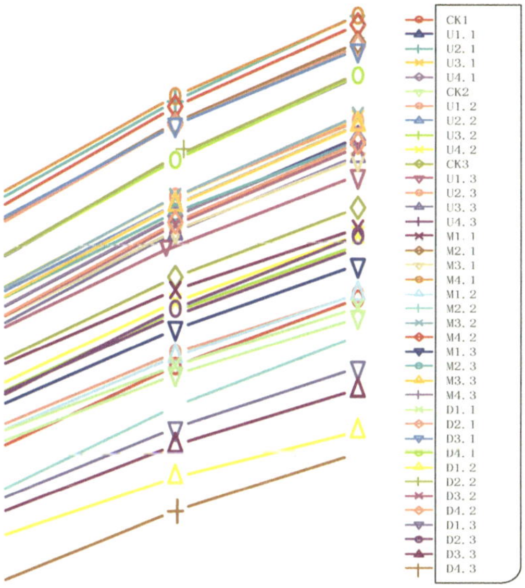

图 7-5　土壤样品的稀释曲线图中横坐标表示测序数据量，纵坐标表示基于该测序量能构建的物种数目，即 OTU 数目；CK. 堆间地，U. 沙堆顶端，M. 沙堆中部，D. 沙堆下缘；小数点前面的数字按 1～4 的顺序分别代表初级、发育、成熟、衰退阶段，小数点后面数字按 1～3 的顺序分别代表 0～10 cm、10～20 cm、20～40 cm 土层。下同

7.3.2　土壤细菌群落的 α 多样性指数

细菌的多样性指数是基于 OTU 结果计算的，表 7-3 是由时空两尺度下分别进行单因素方差分析而得，每一阶段内沙堆的 3 个个体空间位置及其 3 层垂直空间共同进行空间尺度下的方差分析；4 个演化阶段中每一个个体空间位置的某一垂直空间分别进行时间尺度下的方差分析。

表 7-3　不同土壤类型中土壤细菌群落的 α 多样性指数特征

演化阶段	沙堆位置	土层深度（cm）	Observed species 指数	Shannon 指数	Simpson 指数	Chao1 指数	ACE 指数
初级阶段	顶端	0～10	3025.33±186.26Aa	9.72±0.12Aa	1.00±0Aab	3846.42±294.29ABa	3885.70±277.77Aa
		10～20	2676.67±180.1Aab	9.51±0.26Aab	0.99±0Aab	3192.29±326.18Aab	3252.84±313.85Aab
		20～40	2941±283.19Aab	9.82±0.09Aa	1.00±0Aa	3629.84±656.33ABa	3694.97±676.29Aa
	中部	0～10	2822.67±455.1Aab	9.78±0.29Aa	1.00±0Aa	3330.18±593.44Bab	3383.65±592.79Aab
		10～20	2677.67±314.24Bab	9.67±0.17Aab	1.00±0Aa	3376±505.25Bab	3328.62±478.63Bab
		20～40	2742.67±174.51Aab	9.67±0.35Aab	1.00±0Aa	3433.8±507.02Aab	3476.25±528.13Aab
	下缘	0～10	2647.0±152.93ABab	9.63±0.08Aab	1.00±0Aa	3203.10±448.3ABab	3174.3±344.42ABab
		10～20	2372.00±261.96ABb	9.48±0.28Aab	1.00±0Aa	2724.48±218.48ABb	2756.48±297.21ABb
		20～40	2513.00±458.05Ab	9.18±0.63Ab	0.99±0Ab	3111.96±685.58Aab	3169.52±706.28Aab

续表

演化阶段	沙堆位置	土层深度（cm）	Observed species 指数	Shannon 指数	Simpson 指数	Chao1 指数	ACE 指数
发育阶段	顶端	0～10	3298.67±58.18Aa	10.00±0.05Aa	1.00±0Aa	4254.64±190.54Aa	4264.56±164.87Aa
		10～20	3053.33±70.24Aab	9.79±0.10Aab	1.00±0Aab	3875.08±208.79Aa	3945.31±217.02Aa
		20～40	3062.00±201.08Aab	9.82±0.32Aab	1.00±0Aa	3848.47±557.07Aa	3939.92±510.61Aa
	中部	0～10	3237.00±184.01Aab	9.86±0.24Aab	1.00±0Aab	4013.94±238.18Aa	4106.96±245.03Aa
		10～20	2583.33±1052.54Ab	8.39±2.63Ab	0.97±0.05Ab	3288.52±1267.49Aa	3433.73±1237.83Aa
		20～40	3015.33±151.07Aab	9.84±0.13Aab	1.00±0Aab	3581.92±252.80Aa	3679.73±266.38Aa
	下缘	0～10	3229.00±68.79Aab	9.88±0.09Aab	1.00±0Aab	4070.76±252.66Aa	4091.58±164.40Aa
		10～20	3168.00±302.56Aab	9.79±0.12Aab	1.00±0Aab	4043.75±614.55Aa	4147.68±661.13Aa
		20～40	2807.00±392Aab	9.26±0.57Aab	0.99±0.01Aab	3527.88±645.62Aa	3644.77±632.44Aa
成熟阶段	顶端	0～10	3067.33±300.54Aab	9.75±0.47Aab	1.00±0Aab	3905.63±277.48Aa	3946.75±284.33Aa
		10～20	2786.67±235.53Aab	9.53±0.42Aab	1.00±0Aab	3410.68±320.20Aa	3506.12±343.51Aa
		20～40	2985.00±203.85Bab	9.84±0.12Aab	1.00±0Bb	3768.22±513.28Aa	3853.56±487.31Aa
	中部	0～10	2979.0±362.26ABab	9.78±0.17Aab	1.00±0ABb	3744±489.53Aa	3740.93±510.21Aa
		10～20	3074.0±215.95ABab	9.88±0.06Aab	1.00±0ABb	3934.25±441.97Aa	3985.86±436.57Aa
		20～40	3052.33±211.66Aab	9.84±0.04Aab	1.00±0Ab	3868.3±538.08Aa	3962.48±568.25Aa
	下缘	0～10	3221.67±73.51Ba	9.96±0.15Ba	1.00±0ABb	3893.62±150.52Ba	3978.19±123.87Ba
		10～20	3004.33±195.21Aab	9.83±0.12ABab	1.00±0Ab	3832.30±569.80Aa	3911.72±469.61Aa
		20～40	2465.00±987.49Ab	9.32±0.7Ab	0.99±0.01Ba	3052.53±1427.55ABa	3053.72±1399.27Aa
衰退阶段	顶端	0～10	3019.33±32.59Aab	9.78±0.18ABa	1.00±0Ba	3799.24±127.66Aa	3873.37±150.26Aa
		10～20	2809.33±88.86Bab	9.64±0.19Aa	1.00±0Aa	3427.44±324.66Bab	3506.0±310.68Bab
		20～40	2779.00±181.02Ab	9.73±0.07Aa	1.00±0Aa	3445.6±336.2Aab	3495.66±313.57Aab
	中部	0～10	3296.67±151.28Aa	9.97±0.15Aa	1.00±0Aa	4023.57±494.42Aa	4148.79±416.04Aa
		10～20	3276.33±298.64Aab	9.96±0.18Aa	1.00±0Aa	4051.97±682.60Aa	4230.47±676.92Aa
		20～40	3160.33±246.29Aab	9.97±0.15Aa	1.00±0Aa	4093.52±356.42Aa	4142.0.0±398.95Aa
	下缘	0～10	3163.67±295.52Aab	9.87±0.20Aa	1.00±0Aa	4071.06±611.66Aa	4120.50±626.40Aa
		10～20	3013.33±178.65Aab	9.71±0.24Aa	1.00±0Aa	3912.26±218.82Aa	3947.61±267.83Aa
		20～40	2323.00±668.09Ab	8.43±1.41Ab	0.97±0.05Ab	2860.67±898.85Ab	2943.59±886.49Ab

注：数值为平均数±标准误，大写字母不同表示不同演化阶段间具有显著性差异；小写字母不同表示同一演化阶段在空间上具有显著性差异

表 7-3 可知，沙堆中部微生物丰度指数 Observed species 指数高于沙堆顶端和沙堆下缘；沙堆中部 10～20 cm 深土层细菌种数表现为衰退>成熟>初级>发育阶段；仅灌丛沙堆下缘 0～10 cm 深土层的 Shannon 指数和 Simpson 指数有显著

性差异，其他空间序列位置在不同演化阶段间差异均不显著；而在时间尺度中，其成熟阶段的丰度指数显著高于另 3 个演化阶段。由 ACE 指数和 Chao1 指数可知，细菌的丰度在初级阶段最低，随演化阶段的推移，Chao1 指数与 ACE 指数随之增加。系统发育多样性指数在发育阶段沙堆顶端 0～10 cm 深土层中最高，衰退阶段沙堆下缘 10～20cm 深土层中最低，说明发育阶段沙堆顶端 0～10 cm 深土层对进化物种保存的差异最大，衰退阶段沙堆下缘 10～20cm 深土层对进化物种保存的差异最小。

7.3.3　土壤细菌群落的 UPGMA 聚类分析

为了解不同演化阶段灌丛堆土壤细菌群落的相似性，对样品 OTU 分析结果进行 UPGMA 聚类分析。聚类结果如图 7-6 所示。图中可以看出成熟阶段与衰退阶段最先聚为一支，说明二者的群落结构相似性最高，且分支长度为所有分支长度中最短，堆间地的分支长度为所有分支最长；与堆间地间分支长度差距最大的是成熟和衰退阶段，说明成熟和衰退阶段与堆间地细菌群落的差异较大。

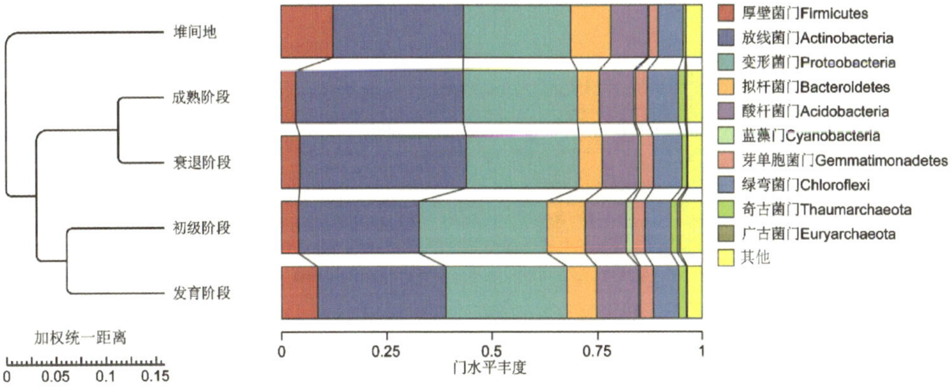

图 7-6　土壤细菌群落的 UPGMA 聚类树

7.4　不同演化阶段中土壤环境因子与细菌群落组成的相关性分析

对土壤性状的各项指标与土壤细菌门类的丰度进行 Spearman 相关性分析，结果如图 7-7 所示，土壤细菌群落中的放线菌门、变形菌门、拟杆菌门、酸杆菌门、硝化螺旋菌门、装甲菌门等都与速效磷具有极显著相关性，速效磷除与放线菌门呈极显著负相关外，与其他菌门之间呈均呈极显著正相关；全氮与 Melainabacteria、广古菌门、奇古菌门、绿弯菌门呈显著或极显著正相关；有机碳与 unidentified

Bacteria、奇古菌门、变形菌门呈显著或极显著正相关，与 Rokubacteria、蓝藻门呈显著或极显著负相关；pH 与 Latescibacteria、迷踪菌门、软壁菌门、酸杆菌门呈显著或极显著负相关，与 Dadabacteria 呈显著正相关；土壤电导率与疣微菌门间呈极显著正相关；黏粒与奇古菌门呈极显著负相关；粉粒与 Melainabacteria、迷踪菌门、unidentified Bacteria、绿弯菌门呈显著或极显著正相关，与异常球菌-栖热菌门（Deinococcus-Thermus）、厚壁菌门呈显著或极显著负相关；中砂粒与 Hydrogenedentes、异常球菌-栖热菌门、装甲菌门、硝化螺旋菌门呈显著或极显著正相关，与 unidentified Bacteria、放线菌门呈显著负相关；土壤容重与 Latescibacteria、

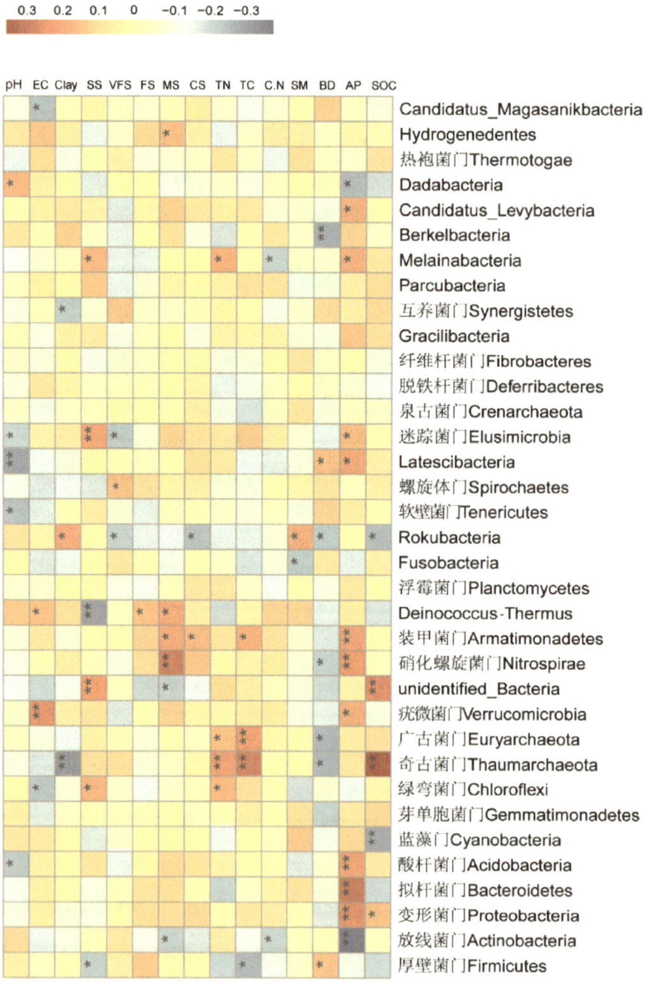

图 7-7　土壤环境因子与土壤细菌群落门水平细菌的相关性

EC. 电导率，Clay. 黏粒，SS. 粉粒，VFS. 极细砂粒，FS. 细砂粒，MS. 中砂粒，CS. 粗砂粒，TN. 土壤全氮，TC. 土壤全碳，C.N. 碳氮比，SM. 土壤含水量，BD. 土壤容重，AP. 速效磷，SOC. 土壤有机碳。下同

厚壁菌门呈显著正相关，与 Berkelbacteria、Rokubacteria、硝化螺旋菌门、广古菌门、奇古菌门呈显著或极显著负相关。

土壤因子与土壤细菌群落的属水平具有更强的相关性，如图 7-8 所示。土壤细菌群落中的大多数菌属与土壤养分含量及土壤颗粒组成之间具有很强的相关性。其中其优势菌属鞘氨醇单胞菌属与土壤中速效磷、粗砂粒呈显著正相关；红球菌属与 pH、极细砂粒和有机碳呈显著或极显著正相关，与黏粒和粉粒呈显著负相关；类诺卡氏属与黏粒、粉粒、碳氮比、速效磷呈显著或极显著负相关，与极细砂粒含量呈极显著正相关。

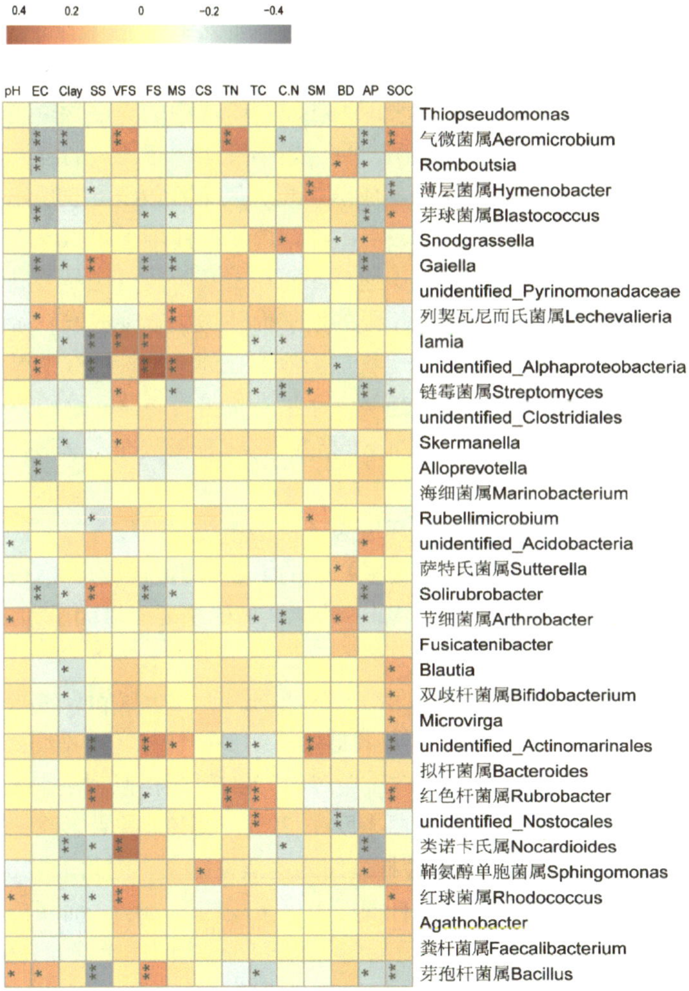

图 7-8　土壤环境因子与属水平细菌相关性

7.5 总　　结

已有众多研究表明放线菌门、变形菌门、芽单胞菌门、酸杆菌门、绿弯菌门、拟杆菌门、厚壁菌门、蓝藻门等是在荒漠地区植被种植的土壤中常见的细菌门类，这与本研究的结果一致（Hector et al.，2010；Naylor et al.，2002；Jasem and Awadhi，2014）。根据杜滢鑫等（2016）研究结果表明，盐碱地的优势菌种为变形菌门和放线菌门，而在黄河三角洲区域，丁新景等（2017）对刺槐土壤中的细菌结构分析也发现变形菌门、酸杆菌门和放线菌门是其优势菌门，可以总结出在荒漠环境中普遍存在变形菌门和放线菌门两个菌门，这与本研究结果一致。Jia 等（2010）发现柠条种植年限的增加土壤微生物生物量和活性增加促进“沃岛效应”的形成，本研究发现酸杆菌门和拟杆菌门均表现为在发育阶段中的丰度含量高于其他演化阶段，目水平和属水平的分析也表明，目、属丰度比例有很大的差异，0～5 cm、10～20 cm 土层沙堆顶端位置初级、成熟、衰退三个阶段统一表现出根瘤菌目丰度较高，而在发育阶段梭菌目丰度较高；红球菌属在沙堆下缘 10～20 cm 深土层中初级、成熟、衰退阶段的比例依次递减，而在发育阶段占比显著高于其他演化阶段，这可能是由于白刺灌丛形成年限的增加而使微生物促成发育阶段的沃岛效应更为显著。曹成有等（2000）发现科尔沁沙地丘间地植被的演变过程中，其物种多样性指数和均匀度指数呈上升趋势，而生态优势度下降，这与本研究在沙堆中部 5～10 cm 深土层细菌种树及 Chao1 指数与 ACE 指数在灌丛演化推移过程中的表现一致。

细菌群落结构及多样性与土壤环境因子密切相关，如杨菁等（2015）发现在不同混交林中影响其细菌群落结构与多样性的主要土壤因子为土壤 pH 及有机质，而戴雅婷等（2017）同样发现影响库布齐沙地区域的主要土壤因子为土壤有机质、全氮、含水量等。

已有许多研究证实影响细菌群落结构的驱动因子为土壤 pH，本研究中根据相关性分析结果，pH 与多数细菌门类及其群落结构多样性相关性不明显，而与变形菌门却存在极显著相关性，这与纳小凡等（2017）的研究相似。根据杨菁等（2015）研究发现在酸性土壤中存在的酸杆菌丰度在 20%～25%，并且影响细菌群落产生差异的主要因子为土壤 pH。由于酸杆菌门为嗜酸性细菌，因此土壤 pH 对酸杆菌门影响更为强烈，但在本研究中酸杆菌门丰度平均约为 10%，而相关性却显示其与 pH 并不存在明显的相关性，这可能由于研究区样本间的土壤 pH 差异不明显。但在属水平中，根瘤菌属与土壤 pH 间存在显著的负相关。

研究表明，影响细菌群落结构多样性的主要土壤因子为土壤全氮，主要通过影响微生物的生长，而间接影响土壤一微生物一植物之间的氮循环。土壤微生物在土壤中碳、氮循环及转化过程中发挥着极大的作用，有很多细菌参与了碳、碳循环，如酸杆菌有降解植物残体能力，还能够参与单碳代谢、铁循环等（Naylor et al.，2002）。另有研究表明疣微菌门与土壤氮含量之间呈负相关（Vasconcellos et al.，2013）。放线菌门作为土壤中的优势菌门具有参与土壤中的碳氮循环的能力（Naylor et al.，2002）。Cruz-Martínez 等（2012）发现放线菌门与土壤碳氮含量不存在直接的相关性，本研究对放线菌门、变形菌门也有相同发现。孙怀博（2013）研究发现土壤中全氮和有机碳与芽单胞菌门之间呈显著正相关，本研究与此结果一致。本研究结果显示土壤全氮与消化螺旋菌门存在显著的负相关关系，这也与已有的研究消化螺旋菌门能够参与土壤硝化的发现一致。

变形菌是植被种植土壤中含量最丰富的细菌，对土壤碳循环有十分重要的作用，主要表现在其能够促进植物生长、对不稳定碳源的响应及对不同植物的适应能力强（牛世全等，2017）。如 Lagos 等（2015）认为假单胞菌属能够通过促进植物激素合成而提高植物抗性，从而促进植物生长。

参考文献

曹成有, 寇振武, 蒋德明, 等. 2000. 科尔沁沙地丘间地植被演变的研究. 植物生态学报, 2000(03): 262-267.

戴雅婷, 闫志坚, 解继红, 等. 2017. 基于高通量测序的两种植被恢复类型根际土壤细菌多样性研究. 土壤学报, 54(3): 735-748.

丁新景, 敬如岩, 黄雅丽, 等. 2017. 黄河三角洲刺槐根际与非根际细菌结构及多样性. 土壤学报, 54(5): 1293-1302.

杜滢鑫, 谢宝明, 蔡洪生, 等. 2016. 大庆盐碱地九种植物根际土壤微生物群落结构和功能多样性. 生态学报, 36(3): 740-747.

纳小凡, 郑国旗, 邢正操, 等. 2017. 连作对再植枸杞根际细菌群落多样性和群落结构的影响研究. 土壤学报, 54(5): 1280-1292.

牛世全, 龙洋, 李海云, 等. 2017. 应用 Illumina MiSeq 高通量测序技术分析河西走廊地区盐碱土壤微生物多样性. 微生物学通报, 44(9): 2067-2078.

孙怀博. 2013. 青藏高原阿里地区土壤细菌群落多样性及其分布的研究. 南京农业大学.

杨菁, 周国英, 田媛媛, 等. 2015. 降香黄檀不同混交林土壤细菌多样性差异分析. 生态学报, 35(24): 8117-8127.

Cruz-Martínez K, Rosling A, Zhang Y, et al. 2012. Effect of rainfall-induced soil geochemistry dynamics on grassland soil microbial communities. Applied and Environmental Microbiology, 78(21): 7587.

Gunatilaka A, Mwango S B. 1989. Flow separation and the internal structure of shadow dune. Sedimentary Geology, 61: 125-134.

Hector F C, Aimée T C, Emily E A, et al. 2010. Soil microbial community responses to multiple experi- mental climate change drivers. Applied and Environmental Microbiology, 76(4): 999.

Jasem M, Awadhi A. 2014. The effect of a single shrub on wind speed and nabkhas dune development:

a case study in Kuwait. International Journal of Geosciences, 5, 20-26.

Lagos L, Maruyama F, Nannipieri P, et al. 2015. Current overview on the study of bacteria in the rhizosphere by modern molecular techniques: a mini-review. Journal of Soil Science and Plant Nutrition, 15: 504-523.

Jia G M, Liu B R, Wang G, et al. 2010. The microbial biomass and activity in soil with shrub (*Caragana korshinskii*, K.) plantation in the semi-arid loess plateau in China. European Journal of Soil Biology, 46(1): 6-10.

Naylor L A, Viles H A, Carter N E A. 2002.Biogeomorphology revisited: looking towards the future. Geomorphology, 47(1): 3-14.

Vasconcellos R L F, Bonfim J A, Andreote F D, et al. 2013. Microbiological indicators of soil quality in a riparian forest recovery gradient. Ecological Engineering, 53: 313-320.

第 8 章　荒漠草原沙化区不同发育阶段白刺灌丛堆土壤真菌群落结构及多样性分析

8.1　不同演化阶段白刺灌丛堆土壤真菌群落组成分析

通过高通量测序分析，灌丛堆土壤共检测出其真菌群落最多的有 16 门，37 纲，79 目，154 科，238 属，318 种，具体如表 8-1 所示。真菌群落在门、纲水平下种类差异不大，而在不同的演化阶段中，在种水平上真菌分属的个数差异较为明显，表现为成熟阶段>衰退阶段>发育阶段>初级阶段。

表 8-1　不同演化阶段中土壤真菌的群落组成

演化阶段	沙堆位置	土层深度（cm）	门	纲	目	科	属	种
堆间地	—	0～10	12	37	79	154	238	230
		10～20	12	30	60	104	161	165
		20～40	15	36	76	133	206	211
初级阶段	顶端	0～10	14	32	53	97	139	126
		10～20	13	30	53	82	109	113
		20～40	12	29	64	91	138	145
	中部	0～10	14	37	63	109	144	151
		10～20	12	31	60	108	147	135
		20～40	13	34	66	119	183	164
	下缘	0～10	13	36	64	101	150	136
		10～20	13	29	50	74	117	108
		20～40	13	35	67	110	148	137
发育阶段	顶端	0～10	13	34	67	116	162	153
		10～20	15	33	60	96	144	135
		20～40	14	33	69	114	172	166
	中部	0～10	14	36	69	121	179	164
		10～20	13	29	61	98	144	132
		20～40	11	30	57	104	153	150
	下缘	0～10	14	37	74	109	179	179
		10～20	14	32	64	109	165	160
		20～40	12	34	59	89	132	120

续表

演化阶段	沙堆位置	土层深度（cm）	门	纲	目	科	属	种
成熟阶段	顶端	0～10	11	32	66	106	161	152
		10～20	12	33	62	99	144	130
		20～40	13	30	63	111	158	157
	中部	0～10	13	33	63	100	146	137
		10～20	16	33	70	145	232	245
		20～40	11	32	64	104	161	139
	下缘	0～10	12	32	65	112	169	162
		10～20	13	29	58	102	144	143
		20～40	13	34	66	118	174	166
衰退阶段	顶端	0～10	14	30	61	112	58	154
		10～20	12	35	67	128	183	169
		20～40	14	31	66	118	181	191
	中部	0～10	13	33	71	120	182	167
		10～20	12	33	63	112	170	166
		20～40	13	33	67	131	201	212
	下缘	0～10	12	31	58	112	173	163
		10～20	12	33	64	103	152	150
		20～40	12	36	67	114	166	163

8.1.1 门水平上土壤真菌群落的丰度比较

鉴定得到的真菌主要来自 6 个门（图 8-1），子囊菌门（Ascomycota）占到 49%以上，此外还包括担子菌门（Basidiomycota）、被孢霉门（Mortierellomycota）、球囊菌门（Glomeromycota）、Aphelidiomycota 及壶菌门（Chytridiomycota），种类共占到 67.6%以上。子囊菌门灌丛堆中优势菌门，同其他菌门一样在不同演化阶段土壤中所含的丰度不同，其丰度表现为成熟阶段>发育阶段>堆间地>衰退阶段>初级阶段。衰退阶段中担子菌门的丰度显著低于其他演化阶段，而其被孢霉门、球囊菌门丰度显著高于其他阶段且与堆间地变化一致。

8.1.2 目水平上土壤真菌群落的丰度比较

从目水平来看（图 8-2），真菌中测序得到的主要有肉座菌目（Hypocreales）、被孢霉目（Mortierellales）、伞菌目（Agaricales）、格孢腔菌目（Pleosporales）、粪壳菌目（Sordariales）等，其中竹盖菌目和伞菌目是优势菌目，共占真菌总数的

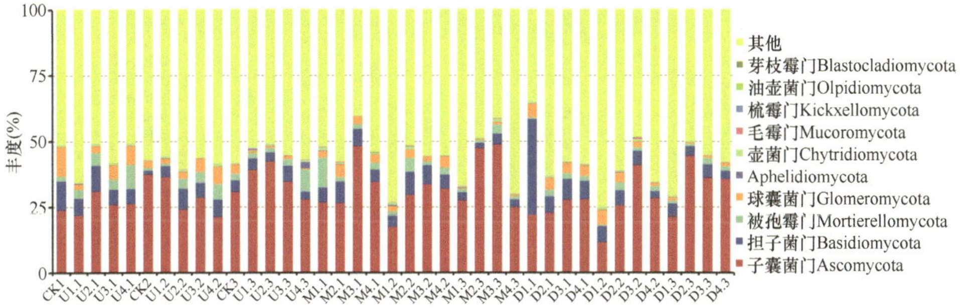

图 8-1　不同土壤中真菌群落相对丰度前十的真菌门

40%左右，初级阶段竹盖菌目的丰度显著低于演化阶段，发育与成熟阶段中其丰度较高；而伞菌目在初级阶段的丰度显著高于其他阶段，堆间地与衰退阶段的丰度较低。虽然土壤真菌群落的组成门类相差不大，但是在丰度上，不同的土壤真菌目组成的比例不同，不同阶段间也存在一定差异。

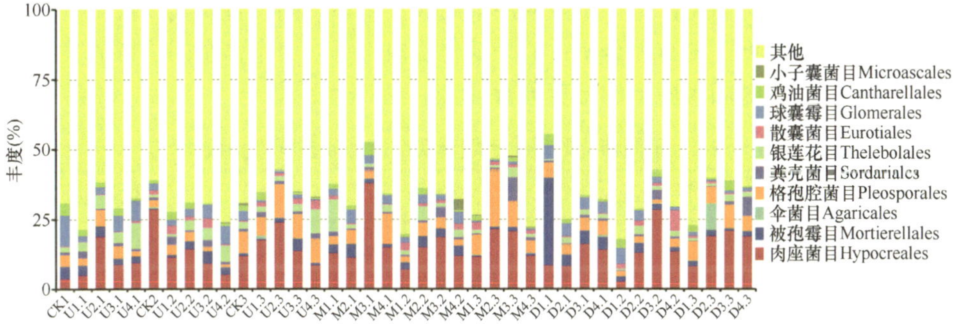

图 8-2　不同土壤中真菌群落相对丰度前十的真菌目

8.1.3　属水平上土壤真菌群落的丰度比较

进一步从属水平来看，不同演化阶段土壤真菌属组成比例差异较大（图 8-3），不同演化阶段中的优势菌属有一定的差异。初级阶段中优势菌属为镰刀菌属（*Fusarium*）和锥盖伞属（*Conocybe*）；发育阶段中为镰刀菌属和茎点霉属（*Phoma*）；成熟阶段与堆间地中为镰刀菌属和白僵菌属（*Beauveria*）；衰退阶段中为镰刀菌属和被孢霉属（*Mortierella*）。其中发育与成熟阶段的菌属总丰度显著高于其他演化阶段。

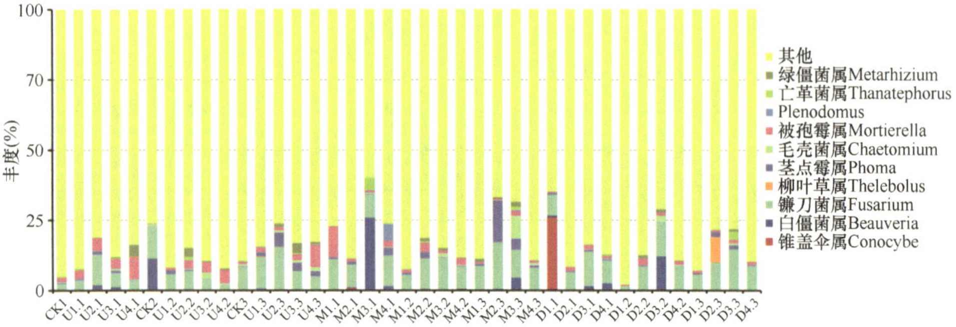

图 8-3 不同土壤中真菌群落相对丰度前十的真菌属

8.2 不同演化阶段白刺灌丛堆土壤真菌群落 α 多样性特征

真菌的多样性指数是基于 OTU 结果计算的，表 8-2 是由时空两尺度下分别进行单因素方差分析而得，每一阶段内沙堆的 3 个个体空间位置及其 3 层垂直空间共同进行空间尺度下的方差分析；4 个演化阶段中每一个个体空间位置的某一垂直空间分别进行时间尺度下的方差分析。

表 8-2 不同演化阶段中土壤真菌群落的 α 多样性指数

沙堆位置			Observed species 指数	Shannon 指数	Simpson 指数	Chao1 指数	ACE 指数
初级阶段	顶端	1	2552±262.53Aab	7.84±0.44Ba	0.97±0.01Ba	3434.58±492.93Aa	3790.6±723.4Aab
		2	2073±18.73Aab	7.76±0.42Aa	0.98±0.01Aa	2549.41±23.12Aa	2742.1±11.56Ab
		3	2556±304.4Aab	8.27±0.36Aa	0.99±0.01Aa	3434.21±545.69Aa	3674.25±552.25Aab
	中部	1	2850±121.65ABa	8.28±0.48ABa	0.98±0.01Aa	3751.09±145.34Aa	4061.64±270.99Aab
		2	2309.33±703.38Aab	6.88±1.6Ba	0.9±0.11Aa	3108.5±1112.69ABa	3371.98±1249.04Bab
		3	2430.67±436.28A	7.95±0.55Aa	0.98±0.01ABa	3077.91±730.84Aa	3335.28±889.69Aab
	下缘	1	2128±850.52Bab	6.67±2.89Aa	0.86±0.21Aa	2903.54±1195.21Ba	3066.63±1263.07Bab
		2	2016.33±182.24Bb	7.31±0.67Ba	0.97±0.01Aa	3712.02±1642.71Aa	3178.75±329.7Bab
		3	2559.67±416.15ABab	7.76±1.33Aa	0.97±0.03Aa	3870.41±561.81ABa	4102.78±616.32ABa
发育阶段	顶端	1	2974.67±639.56Aa	8.57±0.35Aab	0.99±0Aa	4296.33±782.95Aa	4585.38±1067.98Aa
		2	2376.33±248.97Aab	8.3±0.4Aab	0.99±0.01Aa	3274.99±445.07Ab	3450.54±431.85Ab
		3	2559±520.11Aab	8.52±0.79Aab	0.99±0.01Aa	3439.98±894.31Aab	3605.94±909.59Aab
	中部	1	2889.67±364.08Aa	8.87±0.11Aa	0.99±0Aa	3837.54±553.52Aab	4020.24±671.79Aab
		2	2437.67±188.47Aab	8.4±0.14ABab	0.99±0Aa	3077.32±100.4Bb	3274.62±144.93Bb
		3	2217±261.57Ab	7.85±0.44Ab	0.97±0.01Bab	2822.35±361.33Ab	3024.41±353.97Ab

续表

沙堆位置			Observed species 指数	Shannon 指数	Simpson 指数	Chao1 指数	ACE 指数
发育阶段	下缘	1	2704.33±217.17ABab	8.19±0.48Aab	0.98±0.02Aab	3644.39±354.68ABab	3872.81±479.38ABab
		2	2972.33±135.8Aa	8.91±0.18Aa	0.99±0Aa	4199.49±240.36Aa	4371.99±222.07Aab
		3	2107.33±531.9Bb	7.44±1.17Ab	0.96±0.03Ab	2724.36±582.55Bb	2897.07±615.54Bb
成熟阶段	顶端	1	2770.33±353.22Aab	8.61±0.46Aa	0.99±0.01Aa	3858.05±765.56Aab	4055.51±745.78Ab
		2	2164.67±650.1Ab	7.75±1.21Aab	0.98±0.02Aab	3089.31±924.01Ab	3260.17±916.51Abc
		3	1900±405.99Ab	7.56±0.67Aab	0.97±0.02Aab	2572.52±577.44Ab	2702.09±642Ac
	中部	1	1995±456.28Bb	6.84±1.84Bb	0.92±0.11Ab	2947.87±648.74Ab	3148.05±581.83Abc
		2	3284.67±947.11Aa	8.15±1.1ABab	0.97±0.02Aab	4921.42±1396.38Aa	5414.29±1536.49Aa
		3	2310±214.04Ab	8.14±0.38Aab	0.98±0.01ABab	3078.31±551.38Ab	3286.77±570.96Abc
	下缘	1	2473.67±81.07ABab	8.37±0.08Aa	0.99±0Aab	3260.18±145.61ABb	3432.8±104.87ABbc
		2	2128.67±370.27Bb	7.45±0.36Bab	0.96±0.04Aab	2998.15±732.36Ab	3161.29±754.36Bbc
		3	2308.67±146.13ABb	7.95±0.36Aab	0.98±0.01Aab	3113.17±219.64Bb	3256.69±280.08Bbc
衰退阶段	顶端	1	2471±168.65Aab	8.43±0.27ABab	0.99±0Aab	3494.18±399.43Aab	3687.67±422.66Aab
		2	2500.33±778.21Aab	7.41±1.38Ab	0.96±0.04Ab	3604±990.81Aab	3892.73±1098.12Aab
		3	2196.67±141.55Aab	7.78±0.46Ab	0.97±0.03Aab	3054.72±415.25Aab	3216.03±463.74Aab
	中部	1	2642.67±714.96ABab	7.96±0.99ABab	0.97±0.02Aab	3620.12±973.67Aab	3919.75±1182.23Aab
		2	3037.33±403.55Aab	8.97±0.06Aa	0.99±0Aa	4225.59±748.47ABab	4453.4±828.25ABab
		3	3027.67±1221.37Aab	8.46±0.56Aab	0.99±0Aab	4254.53±1565.41Aa	4574.06±1831.5Aab
	下缘	1	3141±370.96Aa	8.62±0.26Aab	0.99±0.01Aab	4455.21±654.29Aa	4840.81±807.19Aa
		2	2100.33±167.16Bb	7.34±0.62Bb	0.96±0.02Aab	2820.24±244.08Ab	3007.14±259.82Bb
		3	2908.5±409.41Aab	8.02±0.33Aab	0.98±0Aab	4081.17±444.74Aab	4501.65±686.48Aab

注：数值为平均数±标准误，大写字母不同表示不同演化阶段间具有显著性差异；小写字母不同表示同一演化阶段在空间上具有显著性差异，1 表示 0～10 cm 土层，2 表示 10～20 cm 土层，3 表示 20～40 cm 土层

由表 8-2 可知，总体来看，微生物丰度指数 Observed species 指数呈现为随演化阶段的推移呈“N”型变化趋势，最大值出现在成熟阶段沙堆中部 0～10cm 处、最小值出现在成熟阶段沙堆顶端 20～40 cm 处，不同演化阶段内沙堆 3 个部位的变化规律均不一致；除在沙堆顶端表层土（0～10 cm）Shannon 指数及 Simpson 指数均发育及成熟阶段显著高于初级阶段外，其余群落的多样性指数相差不大，灌丛堆的其他空间序列位置在不同演化阶段之间差异不显著。由 ACE 指数和 Chao1 指数可知，真菌的丰度在衰退阶段最高。系统发育多样性指数在衰退阶段沙堆下缘表层土中最高，成熟阶段沙堆中部表层中最低，说明衰退阶段沙堆下缘表层土对进化物种保存的差异最大，成熟阶段沙堆中部表层土对进化物种保存的差异最小。

8.3 土壤真菌群落的 UPGMA 聚类分析

土壤真菌群落的 UPGMA 聚类结果如图 8-4 所示，发育阶段与成熟阶段最先聚为一支，随后与衰退和堆间地聚为一支，表明从发育阶段开始随灌丛堆演替土壤真菌群落间的差异性逐渐增大。显然从图 8-4 可以看出初级阶段真菌群落与发育和成熟阶段差异最大，相对来看与堆间地和衰退阶段的真菌群落更为相似。

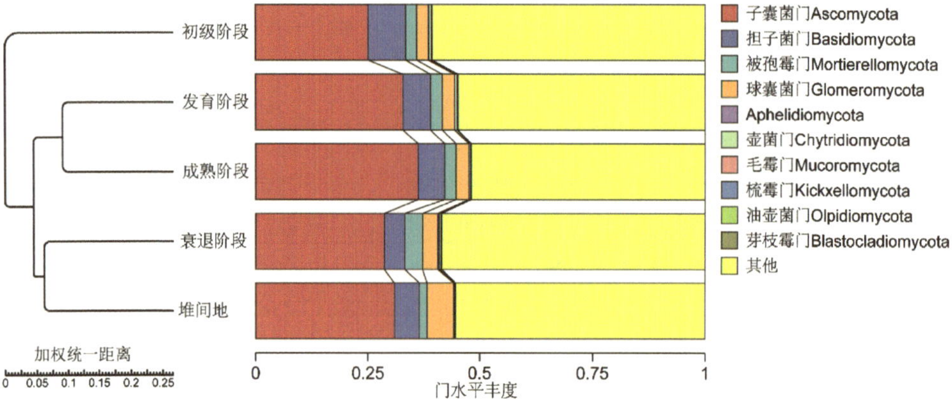

图 8-4 不同土壤类型中土壤真菌群落的 UPGMA 聚类树

8.4 土壤环境因子与土壤真菌群落组成的相关性分析

图 8-5 为采用 Spearman 相关对土壤细菌门类丰度与土壤环境因子进行的相关性分析，结果表示，土壤养分方面，其真菌群落中 Aphelidiomycota 和梳霉菌门与速效磷呈极显著正相关，有机碳与捕虫霉门呈极显著正相关，全氮与被孢霉门呈极显著正相关。此外在与土壤粒径方面相关性中，黏粒与新丽鞭毛菌门、球囊菌门呈显著正相关，与子囊菌门呈极显著负相关；粉粒与芽枝霉门和被孢霉门呈显著正相关；极细砂粒与子囊菌门呈显著正相关，与新丽鞭毛菌门、球囊菌门呈显著或极显著负相关；细砂粒与 Aphelidiomycota 呈极显著正相关，与芽枝霉门、被孢霉门和毛霉门呈显著或极显著负相关。

在属水平上，两者间的相关性更强（图 8-6）。土壤真菌群落中优势菌属镰刀菌属与土壤中极细砂含量呈极显著正相关，与黏粒和土壤碳氮比呈极显著或显著负相关；被孢霉属与粉粒、全氮、全碳均呈显著或极显著正相关；白僵菌属与有机碳存在极显著正相关性，与碳氮比呈显著负相关；锥盖伞属与中砂粒、全碳和速效磷呈显著或极显著正相关；茎点霉属与极细砂粒、全氮和土壤含水量呈显著或极显著正相关，与黏粒和土壤容重呈显著或极显著负相关。

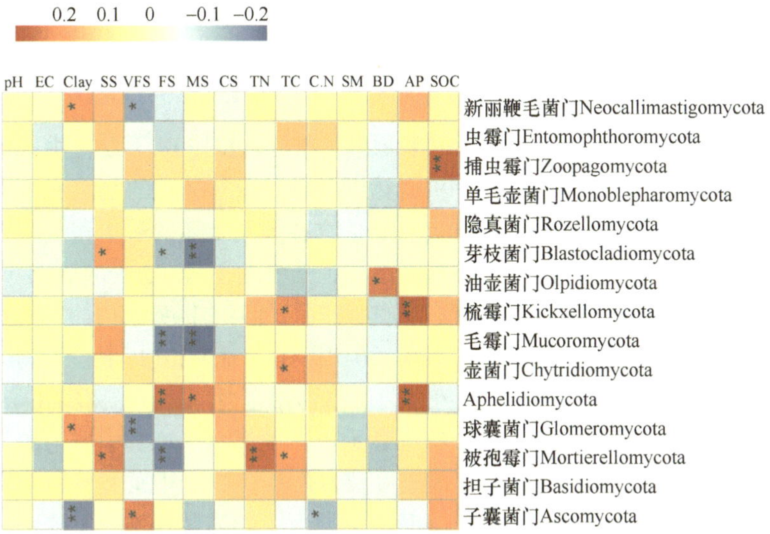

图 8-5　土壤真菌群落与土壤环境因子在门水平的相关性

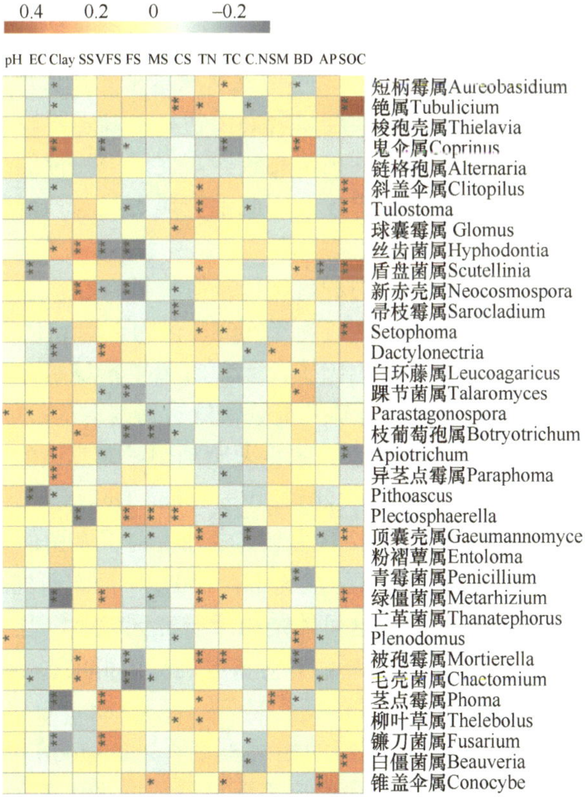

图 8-6　土壤真菌群落与土壤环境因子在属水平上的相关性

8.5 总　　结

真菌作为植物及动物的共生体和病原体（李玲，2015），不仅在生态系统中起着举足轻重的作用，而且还能够评价自然以及自然干扰所致的土壤变化（牛世全等，2017）。已有研究表明土壤环境差异、植物种类及土壤的耕作和利用方式都会对土壤中的优势菌门产生影响，如担子菌门、子囊菌门等（Jasem and Awadhi ，2014）。刘海等（2016）发现担子菌门为烤烟套种白菜的优势菌门，大兴安岭兴安落叶松的优势菌门为子囊菌门（韦俊等，2017；Xu et al.，2012；杨立宾等，2017），唐海明等（2016）发现稻田中的优势真菌群落为接合菌门、担子菌门及子囊菌门。

本研究与诸类研究发现类似，结果显示，白刺灌丛沙堆真菌群落的优势菌群为子囊菌门，而曹萍麟等（2014）发现在高原湿地土壤中中子囊菌门占真菌丰度的 94.65%，这表明在子囊菌门为宁夏荒漠草原区白刺灌丛沙堆中发挥主要分解作用的真菌。

白刺灌丛堆不同演化阶段之间真菌的群落多样性差异并不显著，但其菌种在丰度上存在差异。已有研究表明，毛壳属、镰刀菌属是土壤中常见的纤维素分解者（邢来君和李明春，2001），而本研究从属水平分析发现，镰刀菌属为优势真菌属，且发育及成熟阶段其丰度显著高于初级及衰退阶段，这可能由于此阶段白刺长势良好，灌丛沙堆中的枯落物较多，促进镰刀菌的生长，而成熟阶段中毛壳属的丰度显著高于其他阶段，因此毛壳属可能与该阶段中灌丛沙堆的土壤碳代谢有关。

土壤环境因子，不仅对细菌的群落结构及多样性存在影响，对真菌群落构成及多样性同样存在一定影响，如 Li 等（2008）认为土壤 pH、速效磷及有机碳为土壤真菌群落多样性的主要影响因子，无独有偶王楠楠等（2013）通过典范对应分析同样发现土壤有机碳、全磷及全氮含量对真菌群落组成存在显著影响；另有研究发现，pH 为土壤细菌及真菌的主要驱动因子，真菌的优势菌群会随土壤 pH 的差异而产生变化（李鹏等，2017；Fierer and Jackson，2006），如在中性土壤中盘菌纲多样性更高，弱酸或中性土壤中外生菌根真菌的丰度最高，中等程度酸性土壤中腐生菌丰度更高（张晨光等，2007），而本研究却显示 pH 对细菌和真菌群落的影响并不明显，这可能是由于研究区较小，且大多处于盐碱地区域，其土壤 pH 较为一致，从而导致其对该区优势菌群的影响也不明显。土壤有效养分的变化与土壤真菌多样性的变化趋势一致（Zhang et al.，2017）。研究表明高含量的氮素可提高子囊菌门的相对丰度（Paungfoo-Lonhienne et al.，2015），而本研究中发育与成熟阶段的全氮含量最高，并且其阶段的子囊菌门丰度也最高，与已有研究一致。

参考文献

曹萍麟, 陆梅, 田昆, 等. 2014. 纳帕海高原湿地不同干扰强度下土壤真菌的分布格局. 植物生态学报, 38(11): 1166-1173.

李玲. 2015. 北方主要草地类型中土壤真菌多样性及群落结构的比较研究. 东北师范大学硕士学位论文

李鹏, 李永春, 史加亮, 等. 2017. 水稻秸秆还田时间对土壤真菌群落结构的影响. 生态学报, 37(13): 4309-4317.

刘海, 杜如万, 赵建, 等. 2016. 施肥对烤烟根际土壤酶活性及细菌群落结构的影响. 烟草科技, 49(10): 1-8.

牛世全, 龙洋, 李海云, 等. 2017. 应用 Illumina MiSeq 高通量测序技术分析河西走廊地区盐碱土壤微生物多样性. 微生物学通报, 44(9): 2067-2078.

唐海明, 肖小平, 李微艳, 等. 2016. 长期施肥对双季稻田根际土壤微生物群落功能多样性的影响.生态环境学报, 25(3): 402-408.

王楠楠, 杨雪, 李世兰, 等. 2013. 降水变化驱动下红松阔叶林土壤真菌多样性的分布格局. 应用生态学报, 24(7): 1985-1990.

韦俊, 杨焕文, 徐照丽, 等. 2017. 烤烟不同套作模式对土壤理化性质和真菌群落结构的影响. 土壤通报, 48(3): 631-638.

邢来君, 李明春. 2001. 普通真菌学. 北京: 高等教育出版社: 205-210.

杨立宾, 隋心, 朱道光, 等. 2017. 大兴安岭兴安落叶松林土壤真菌群落特征研究. 中南林业科技大学学报, 37(12): 76-84.

张晨光, 张克斌, 李瑞, 等. 2007. 宁夏盐池县土地生产潜力评价研究. 水土保持研究, 2007(3): 346-348.

Fierer N, Jackson R B. 2006. The diversity and biogeography of soil bacterial communities. Proceedings of the National Academy of Sciences of the United States of America, 103(3): 626-631.

Jasem M, Awadhi A. 2014. The effect of a single shrub on wind speed and nabkhas dune development: a case study in Kuwait. International Journal of Geosciences, 5: 20-26.

Li P X, Wang N, He W M, et al. 2008. Fertile islands under Artemisia ordosica in inland dunes of northern China: effects of habitats and plant developmental stages. Journal of Arid Environment, NSFC. 72: 953-963.

Paungfoo-Lonhienne C, Yeoh Y K, Kasinadhuni N R P, et al. 2015. Nitrogen fertilizer dose alters fungal communities in sugarcane soil and rhizosphere. Scientific Reports, 5: 8678.

Xu L H, Ravnskov S, Larsen J, et al. 2012. Soil fungal community structure along a soil health gradient in pea fields examined using deep amplicon sequencing. Soil Biology and Biochemistry, 46: 26-32.

Zhang Y, Dong S, Gao Q, et al. 2017. Soil bacterial and fungal diversity differently correlated with soil biochemistry in alpine grassland ecosystems in response to environmental changes. Science Reports, 7: 43077.

第9章 展　　望

灌木具有萌蘖力强、成林早的特性，具有很强的复壮更新和自然修复能力。在植被自然恢复中，灌木林不仅是在环境条件严酷，其他植物很难生存的干旱阳坡、半阳坡地区最早产生的，而且是持续时间最长的木本植物，在生态建设中发挥着重要作用，在林业生产和经营中具有不可替代的地位（陈晓阳，2022）。

灌木林是森林资源的重要组成部分，是生态系统的重要类型之一，其种类多样，分布广阔，具有森林资源的特殊生态功能。本书通过分析宁夏荒漠草原生长期、成熟期和衰退期三种不同发育阶段柠条灌丛堆土壤的各种理化因子、碳氮磷生态化学计量、酶活性以及土壤真菌和细菌的群落组成和多样性特征，并结合相关性分析，探讨不同土壤理化因子对土壤细菌和真菌的群落结构组成、多样性的影响；同时，比较了同一区域内白刺灌丛堆在不同演化阶段下细菌群落和真菌群落的群落结构和多样性的差异，并比较各种土壤环境因子对其影响，从而辨识最主要的影响因子。

从学科整体来看，荒漠草原沙化区灌丛堆生态学未来需要从以下几方面全面、系统开展深入研究。

9.1 长期定位观测研究是完整揭示荒漠草原沙化区灌丛堆生态学生态过程研究的有效手段

根据灌木林生态系统的特点，对不同发育阶段灌丛堆（灌木林）生态系统气象、土壤、生物、环境等指标进行长期定位观测，明确灌木林自然和人工生态系统格局、过程及关键生态要素变化过程，不同发育阶段植被水量平衡规律；通过全面反映森林生态系统的结构与功能的变化，为研究生态系统服务与生态系统结构、生态过程的关系奠定可靠的生态学基础；通过盘查灌木林自然资源资产存量、生态服务价值货币值、可进行碳排放权交易的碳产品等可建立权威数据库，开展灌木林碳汇价值研究，构建面向碳中和的生态修复核心理论体系，填补我国灌木林生态修复的碳中和研究领域空白。

9.2 地上-地下系统互馈机制是研究灌丛堆生态学重要方向

植物凋落物分解是沙地生态系统碳和营养周转的重要环节。光分解是影响沙地生态系统叶凋落物碳氮矿化过程的重要因素；叶表面性状与化学性状对沙地生态系统凋落物分解速率有着不同的影响，为全球碳循环模型的完善提供了新的思路。沙埋通过改变土壤微生物的丰度和组成极大地促进了沙地木质残体的分解，沙埋显著影响了沙地植被净地上初级生产力，改变了生态系统碳储量在土壤中的垂直分布。

通过观测光因子、降水等非生物因子和植物凋落物分解、微生物等生物因子在物质循环、碳储量、生态系统生产力的相对作用，揭示荒漠草原沙化区灌丛堆生态学生态过程的关键调控因子。

频繁的风沙活动是半干旱区沙地的最主要环境特征之一。沙地灌木营养生长阶段对环境的适应性研究，需要开展沙埋条件下灌木茎的机械稳定性相关性状的变化、灌丛在沙丘不同发育阶段实现种群快速扩张、后期则通过植株萎缩来维持种群大小等，以及灌丛茎部性状对风因子的响应的特异性应，及其对风因子胁迫过程中产生不同性状间的平衡策略等。

由于荒漠草原的特殊性，土壤环境复杂，本研究仅测定了土壤的碳氮磷含量，在全面分析碳氮磷元素在植物—土壤—微生物中的关系方面还需更加深入。建议通过植物叶片、根系以及微生物碳氮含量的研究，综合分析植物—土壤—微生物的生态化学计量特征。

9.3 灌丛堆土壤动物生态学研究是尚未关注的重要领域

在荒漠生态系统中，随着灌丛的生长、发育和演化，灌丛微生境中的土壤理化性质和土壤养分的空间异质性会发生变化，而形成了灌丛“肥岛”。灌丛“肥岛”会吸引食草动物、软体动物和微生物等至灌丛下定居、生存、发育和繁殖，不断提高灌丛微生境内土壤动物的个体数和丰度，逐渐形成“虫岛”现象，“虫岛”效应的形成有利于灌丛生境生物多样性保育和土壤性质改善。因此，土壤动物是荒漠生态系统灌丛群落内不可或缺的一部分，它们大多数均处于土壤生态系统食物链的上端，在维持荒漠生态系统的食物网结构、物质循环和能量流动等方面扮演着重要的角色（Paine，1992；刘任涛等，2015）。对于荒漠生态系统灌丛林营造、土地资源管理及退化生态系统的恢复具有重要意义。

基于此，从灌丛与土壤动物互为反馈的关系来看，未来可能存在的重要研究领域包括以下几个方面。

（1）极端气候变化对荒漠灌丛土壤动物的影响

随着全球气候变暖，极端气候事件发生的频率将大大增加，除了夏季高温将会频繁出现而冬季低温逐渐减少之外，其他极端天气如暴雨、干旱和强对流等出现的几率也将增大，尤其以干旱、半干旱荒漠区表现最为明显。而极端气候的发生会使荒漠灌丛植被的生长有一个月左右的滞后期（祝稳，2015），导致土壤动物的食物资源分布发生变化，进而影响土壤动物类群的群落结构及其性别比例。未来对于荒漠灌丛土壤动物的研究中应关注极端气候变化对土壤动物群落分布的研究，这将有助于利用土壤动物掌握极端气候变化的规律。

（2）荒漠灌丛土壤动物群落分布对降水事件发生前后的响应

降水格局发生变化，不仅会影响地上和地下土壤动物群落的食物资源及繁殖率等方面，还会影响荒漠生态系统的功能及其对环境干扰的抵抗力（刘继亮等，2014）。目前，关于土壤动物与降水变化的研究主要集中在草地和森林生态系统，而在西北干旱、半干旱荒漠生态系统内的研究较少。由于降水事件发生前后会对灌丛堆土壤动物群落分布的产生影响，所以研究降水事件发生前后对荒漠灌丛土壤动物群落分布的影响，对于荒漠生态系统的恢复过程、功能与稳定性维护具有重要意义。

（3）荒漠灌丛“肥岛”形成过程中土壤动物的作用机制

“肥岛”的实质是灌丛微生境下土壤资源水平分布局部异质性显著的表现，这种异质性体现为土壤资源在灌丛下聚集，它的形成和发展是一个资源逐渐自生的动态过程。目前对于灌丛“肥岛”的研究多集中于“肥岛”的形成过程及其特征等方面，而关于土壤动物对灌丛“肥岛”形成过程的影响尚不清楚。所以在研究灌丛“肥岛”的形成过程时增加土壤动物对“肥岛”形成过程作用机制的研究，对于退化荒漠生态系统的恢复以及灌丛林植被的保护具有重要意义。

（4）灌丛“虫岛”形成过程中聚集分布的土壤动物对灌丛的影响

“虫岛”是“肥岛”形成过程中的必然产物，能够加速枯落物的分解过程、促进灌丛生境土壤的资源周转、维持生态系统的结构与功能，这对于灌丛本身的生存、更新及扩散非常有利。当这些土壤动物类群通过繁衍之后超过灌丛微生境的容纳量时，其对灌丛群落的影响尚属空白领域。

9.4　结合宏基因组开展不同发育阶段灌丛堆土壤微生物群落功能的研究

虽然揭示了柠条灌丛堆发育与土壤微生物相互关系，但对于不同发育阶段土壤真菌和细菌的功能挖掘还不深入，因此还需要增加对土壤微生物群落功能的研究，建议结合宏基因组，测定微生物全部遗传信息，更加准确地反映出微生物的功能特征。

现需要回答的科学问题有以下几点。

（1）群落演替驱动机制

灌丛不同发育阶段（幼苗→成熟→衰退）如何通过根系分泌物、凋落物质量等改变土壤微环境，进而驱动微生物群落结构与功能基因的演替？例如，成熟期灌丛是否通过增加酚类物质抑制病原菌并促进共生菌定殖。

（2）功能基因动态规律

关键代谢功能（碳分解、氮固定、磷活化）的基因丰度与表达如何随发育阶段变化？如衰退期是否出现木质素降解基因（如 *ligB*）的爆发式增长。

（3）微生物-植物互作网络

是否存发育阶段特异性的“核心功能菌群”？其与灌丛根系基因表达的协同机制如何？

（4）环境胁迫响应

干旱或养分胁迫下，不同发育阶段微生物功能冗余性与恢复力的差异（如成熟期灌丛土壤是否具有更高的酶活性缓冲能力）。

（5）全球变化关联研究

结合气候模型预测升温/干旱对灌丛-微生物功能共生体的长期影响，例如固氮功能基因的敏感性阈值。

9.5　荒漠草原灌丛堆的地上-地下碳汇互馈机制需进行深入研究

地上-地下碳汇互馈机制是指地球上的生态系统中地上和地下的碳储量之间

相互影响的一种复杂机制（Armas et al.，2004）。地上-地下碳汇互馈机制的理解对于全球碳循环和生态系统的健康至关重要。

首先，地上-地下碳汇互馈机制在生态系统中起着重要的作用。一方面，植物通过光合作用将二氧化碳转化为有机物质，并将一部分碳储存在地下的根系和土壤中。这些地下的有机物质会影响土壤的碳储量，同时也会影响微生物的活动，从而影响土壤中的碳循环过程。另一方面，土壤中的有机物质也会通过根系被植物吸收，成为地上植物的碳来源，形成地上-地下的碳循环（Hedges et al.，1999）。

其次，地上-地下碳汇互馈机制对于气候变化具有重要影响。随着全球气候变暖，生态系统中的碳储量和碳循环过程可能发生变化，地上植被的生长和分解速率可能会改变，从而影响地下土壤中的碳贮存和释放过程。这种变化可能会对大气中的二氧化碳浓度产生影响，进而影响全球气候系统。

此外，地上-地下碳汇互馈机制还与生物多样性和生态系统的稳定性密切相关。植物和土壤中的微生物共同构成了生态系统中的碳汇，而生物多样性对于维持这一碳汇的稳定性至关重要（Markham and Chanway，1996）。不同发育阶段的灌丛堆植物和微生物在地上和地下的碳循环中扮演着不同的角色，它们之间的相互作用对于生态系统的稳定性和抗干扰能力具有重要影响。

总的来说，地上-地下碳汇互馈机制是生态系统中一个复杂而重要的机制，它涉及植物、土壤、微生物以及全球气候系统之间复杂的相互作用。对这一机制的深入理解有助于我们更好地认识荒漠草原区灌丛生态系统，促进可持续发展和气候变化适应。

另外，碳中和问题成为政府和社会大众关注的热点，在实现碳中和的过程中，除了提升工业碳减排能力外，增强生态系统碳汇功能也是主要的手段之一，属于特灌林的灌丛堆作为陆地生态系统的一部分必将担任其中应有的角色，但是，由于碳汇方法学上的缺陷，我国森林生态系统碳汇能力被低估，森林蓄积量没有统计特灌林和竹林，只体现了乔木林的蓄积量，仅通过乔木林的蓄积量增量来推算森林碳汇量，却忽略了特灌林和竹林的碳汇功能。目前我国森林资源报告中还没有灌木林蓄积量的统计数据，但我国特灌林面积广袤，具有显著的碳中和能力（陈晓阳，2022）。荒漠草原灌丛堆的碳库功能应当作为一个研究热点，从地上-地下的碳储量、不同形态的碳储量转化过程，以及全口径碳汇功能进行深入研究，为当前的“双碳”目标提供理论支持。

参 考 文 献

陈晓阳. 2022. 中国灌木林资源. 北京：中国林业出版社.

常海涛, 刘任涛, 陈蔚, 张安宁. 2020. 荒漠灌丛土壤动物分布及其生态功能. 生态学报, 40(12): 4198-4206.

刘继亮, 赵文智, 李锋瑞. 2014. 干旱荒漠土壤动物分布格局对降水脉动的响应研究进展. 中国沙漠, 34(59): 1337-1342.

刘任涛, 王少昆, 周娟. 2015. 科尔沁和毛乌素沙地灌丛“虫岛”效应比较. 中国沙漠, 35(6): 1599-1606.

刘任涛. 2014. 沙地灌丛的“肥岛”和“虫岛”形成过程、特征及其与生态系统演替的关系. 生态学杂志, 33(12): 3463-3469.

祝稳. 2015. 西北干旱区植被覆盖动态及其对极端气温和降水过程的响应.西北师范大学硕士学位论文.

Armas C, Ordiales R, Pugnaire F I. 2004. Measuring plant interactions: a new comparative index. Ecology, 85(10): 2682-2686.

Garner W, Steinberger Y. 1989. Aproposed mechanism for the formation of “feitile islands” in the desert ecosystem. Journal of Arid Environments, 1989, 16(3): 257-262.

Hedges L V, Gurevitch J, Curtis P S. 1999. The meta-analysis of response ratios in experimental ecology. Ecology, 80(4): 1150-1156.

Markham J H, Chanway C P. 1996. Measuring plant neighbour effects. Functional Ecology, 10(4): 548-549.

Paine R T. 1992. Food-web analysis through field measurement of per capita interaction strength. Nature, 355(6355): 73-75.

附录　研究区植物名录

科名	学名	属名	学名	种名	学名
念珠藻科	Nostocaceae	念珠藻属	*Nostoc*	发菜	*N. flagelliforme*
				普通念珠藻	*N. commune*
松科	Pinaceae	云杉属	*Picea*	青海云杉	*P. crassifolia*
		松属	*Pinus*	樟子松	*P. sylvestris* var. *mongholica*
柏科	Cupressaceae	侧柏属	*Platycladus*	侧柏	*P. orientalis*
		刺柏属	*Juniperus*	圆柏	*J. chinensis*
				叉子圆柏	*J. sabina*
桑科	Moraceae	桑属	*Morus*	桑	*M. alba*
木贼科	Equisetaceae	木贼属	*Equisetum*	节节草	*E. ramosissimum*
				犬问荆	*E. palustre*
				问荆	*E. arvense*
麻黄科	Ephedraceae	麻黄属	*Ephedra*	膜果麻黄	*E. przewalskii*
				中麻黄	*E. intermedia*
				草麻黄	*E. sinica*
卫矛科	Celastraceae	卫矛属	*Euonymus*	白杜	*E.maackii*
杨柳科	Salicaceae	杨属	*Populus*	银白杨	*P. alba*
				新疆杨	*P. alba* var. *pyramidalis*
				箭杆杨	*P. nigra* var. *thevestina*
				小叶杨	*P. simonii*
				毛白杨	*P. tomentosa*
				小钻杨	*P. xiaozhuanica*
		柳属	*Salix*	垂柳	*S. babylonica*
				黄柳	*S. gordejevii*
				旱柳	*S. matsudana*
				龙爪柳	*S. matsudana* var. *tortuosa*
				细枝柳	*S. gracilior*
				北沙柳	*S. psammophila*
榆科	Ulmaceae	榆属	*Ulmus*	榆树	*U. pumila*
				旱榆	*U. glaucescens*
蓼科	Polygonaceae	木蓼属	*Atraphaxis*	刺木蓼	*A. spinosa*

续表

科名	学名	属名	学名	种名	学名
				沙木蓼	*A. bracteata*
		沙拐枣属	*Calligonum*	沙拐枣	*C. mongolicum*
		萹蓄属	*Polygonum*	萹蓄	*P.aviculare*
		酸模属	*Rumex*	皱叶酸模	*R. crispus*
苋科	Amaranthaceae	刺藜属	*Teloxys*	刺藜	*T. aristata*
		沙蓬属	*Agriophyllum*	沙蓬	*A. squarrosum*
		滨藜属	*Atriplex*	中亚滨藜	*A. centralasiatica*
				西伯利亚滨藜	*A. sibirica*
		雾冰藜属	*Bassia*	雾冰藜	*B. dasyphylla*
		虫实属	*Corispernum*	长穗虫实	*C. elongatum*
				中亚虫实	*C. heptapota-micum*
				软毛虫实	*C. puberulum*
				蒙古虫实	*C. mongolicum*
				兴安虫实	*C. chinganicum*
				鳞果虫实	*C. lepidocarpum*
		盐生草属	*Halogeton*	白茎盐生草	*H. arachnoideus*
		盐爪爪属	*Kalidium*	尖叶盐爪爪	*K. cuspidatum*
				盐爪爪	*K. foliatum*
				细枝盐爪爪	*K. gracile*
		地肤属	*Kochia*	地肤	*K. scoparia*
				木地肤	*K. prostrata*
				碱地肤	*K. sieversiana*
		碱蓬属	*Suaeda*	碱蓬	*S. glauca*
				阿拉善碱蓬	*S. przeuialskyii*
				盐地碱蓬	*S. salsa*
		腺毛藜属	*Dysphania*	菊叶香藜	*D.schraderiana*
		藜属	*Chenopodium*	尖头叶藜	*C. acuminatum*
				刺藜	*C. aristatum*
				藜	*C. album*
				灰绿藜	*C. glaucum*
				小白藜	*C. iljinii*
				小藜	*C. ficifolium*
		合头藜属	*Sympegma*	合头藜	*S. regelii*
		苋属	*Amaranthus*	反枝苋	*A. retroflexus*
		雾冰藜属	*Grubovia*	雾冰藜	*G.dasyphylla*
		猪毛菜属	*Salsola*	木本猪毛菜	*S. arbuscula*

续表

科名	学名	属名	学名	种名	学名
				猪毛菜	*S. collina*
				蒙古猪毛菜	*S. ikonnikovii*
				松叶猪毛菜	*S. laricifolia*
				珍珠猪毛菜	*S. passerina*
				薄翅猪毛菜	*S. pellucida*
				刺沙蓬	*S.ruthenica*
石竹科	Caryophyllaceae	石头花属	*Gypsophila*	狭叶草原石头花	*G. davurica*
		牛漆姑草属	*Spergularia*	牛漆姑	*S. marina*
		蝇子草属	*Silene*	麦瓶草	*S.conoidea*
				女娄菜	*S. aprica*
		繁缕属	*Stellaria*	银柴胡	*S. dichotoma* var. *lanceolata*
天门冬科	Asparagaceae	天门冬属	*Asparagus*	兴安天门冬	*A.dauricus*
毛茛科	Ranunculaceae	碱毛茛属	*Halerpestes*	水葫芦苗	*H. cymbalaria*
				碱毛茛	*H. sarmentosa*
				长叶碱毛茛	*H. ruthenica*
		铁线莲属	*Clematis*	灰叶铁线莲	*C. tomentella*
		芍药属	*Paeonia*	芍药	*P. lactiflora*
小檗科	Berberidaceae	小檗属	*Berberis*	西伯利亚小檗	*B. sibirica*
				紫叶小檗	*B.thunbergii* cv. *atropurpurea*
罂粟科	Papaveraceae	角茴香属	*Hypecoum*	角茴香	*H.erectum*
十字花科	Cruciferae	芸薹属	*Brassica*	擘蓝	*B. caulorapa*
				青菜	*B. chinensis*
				芥菜	*B. juncea*
		荠属	*Capsella*	荠	*C. bursa-pastoris*
		肉叶荠属	*Braya*	蚓果芥	*B. humilis*
		独行菜属	*Lepidium*	独行菜	*L. apetalum*
				宽叶独行菜	*L. latifolium*
		沙芥属	*Pugionium*	斧翅沙芥	*P. Dolabratum*
				沙芥	*P. apetalum*
		燥原荠属	*Ptilotricum*	燥原芥	*P. canescens*
		蔊菜属	*Rorippa*	风花菜	*R. globosa*
		萝卜属	*Raphanus*	萝卜	*R. sativus*
		念珠芥属	*Torularia*	蚓果芥	*T. humilis*
蔷薇科	Rosaceae	蔷薇属	*Rosa*	黄刺玫	*R. xanthina*
		梨属	*Pyrus*	杜梨	*P. betulifolia*

续表

科名	学名	属名	学名	种名	学名
		李属	*Prunus*	山杏	*P. sibirica*
				山桃	*P. davidiana*
		木瓜属	*Chaenomeles*	皱皮木瓜	*C. speciosa*
		苹果属	*Malus*	花红	*M. asiatica*
		委陵菜属	*Potentilla*	星毛委陵菜	*P. acaulis*
				朝天委陵菜	*P. supina*
				二裂委陵菜	*P. bifurca*
				西山委陵菜	*P. sishanensis*
				鹅绒委陵菜	*P. anserina*
		蕨麻属	*Argentina*	蕨麻	*A. anserina*
		毛莓草属	*Sibbaldianthe*	鸡冠茶	*S. bifurca*
		扁核木属	*Prinsepin*	扁核木	*P. Utilis*
豆科	Leguminosae	合欢属	*Albizia*	合欢	*A. julibrissin*
		沙冬青属	*Ammopiptanthus*	沙冬青	*A. mongolicus*
		紫穗槐属	*Amorpha*	紫穗槐	*A. fruticosa*
		黄氏属	*Astragalus*	斜茎黄芪（沙打旺）	*A. laxmannii*
				单叶黄耆	*A. efoliolatus*
				乳白黄芪	*A. galactites*
				草木犀状黄芪	*A. melilotoides*
				荒漠黄芪	*A. grubovii*
				盐生黄芪	*A. salsugineus* var. *multijugus*
				糙叶黄芪	*A. scaberrimus*
		锦鸡儿属	*Caragana*	矮脚锦鸡儿	*C. brachypoda*
				中间锦鸡儿	*C. intermedia*
				甘肃锦鸡儿	*C. kansuensis*
				柠条锦鸡儿	*C. Korshinskii*
				小叶锦鸡儿	*C. microphylla*
				荒漠锦鸡儿	*C. Roborovskyi*
				狭叶锦鸡儿	*C. stenophylla*
				毛刺锦鸡儿	*C. tibetica*
		羊柴属	*Corethrodendron*	细枝羊柴	*C. scoparium*
				蒙古羊柴	*C. fruticosum* var. *mongolicum*
		大豆属	*Glycine*	大豆	*G. max*
				野大豆	*G. soja*
		甘草属	*Glycyrrhiza*	甘草	*G. uralensis*

续表

科名	学名	属名	学名	种名	学名
		米口袋属	*Gueldenstaedtia*	少花米口袋	*G. verna*
				狭叶米口袋	*G. stenophylla*
		岩黄芪属	*Hedysarum*	短翼岩黄芪	*H. brachypterum*
				塔落岩黄芪	*H. leave*
				蒙古岩黄芪	*H. mongolicum*
				细枝岩黄芪	*H. scoparium*
				红花岩黄芪	*H. multijugum*
				贺兰山岩黄芪	*H. petrovii*
		胡枝子属	*Lespedeza*	兴安胡枝子	*L. davurica*
				牛枝子	*L. potaninii*
		苜蓿属	*Medicago*	苜蓿	*M. sativa*
		草木犀属	*Melilotus*	白香草木樨	*M. albus*
				草木犀	*M. suaveolens*
		棘豆属	*Oxytropis*	猫头刺（刺叶柄棘豆）	*O. aciphylla*
				二色棘豆	*O. bicolor*
				砂珍棘豆	*O. racemosa*
				鳞萼棘豆	*O. squammulosa*
		苦马豆属	*Sphaerophysa*	苦马豆	*S.salsula*
		菜豆属	*Phaseolus*	绿豆	*P. radiatus*
				菜豆	*P. vulgaris*
		刺槐属	*Robinia*	刺槐	*R. pseudoacacia*
		槐属	*Styphnolobium*	槐树	*S. japonica*
				龙爪槐	*S. japonica* var. *pendula*
		苦参属	*Sophora*	苦豆子	*S. alopecuroides*
		沙耀花豆属	*Swainsona*	苦马豆	*S. salsula*
		野决明属	*Thermopsis*	披针叶野决明	*T. lanceolata*
		野豌豆属	*Vicia*	野豌豆	*V. sepium*
亚麻科	Linaceae	亚麻属	*Linum*	宿根亚麻	*L. perenne*
				短柱亚麻	*L. pallescens*
		胡卢巴属	*Trigonella*	胡卢巴	*T. foenum-graecum*
牻牛儿苗科	Geraniaceae	牻牛儿苗属	*Erodium*	牻牛儿苗	*E. stephanianum*
白刺科	Nitrariaceae	白刺属	*Nitraria*	白刺	*N. tangutorum*
				小果白刺	*N. sibirica*
		骆驼蓬属	*Peganum*	骆驼蒿	*P. nigellastrum*
				骆驼蓬	*P. harmala*

续表

科名	学名	属名	学名	种名	学名
				多裂骆驼蓬	*P. multisectum*
		蒺藜属	*Tribulus*	蒺藜	*T. terrestris*
		霸王属	*Sarcozygium*	霸王	*S. xanthoxylon*
芸香科	Rutaceae	拟芸香属	*Haplophyllum*	北芸香	*H. dauricum*
远志科	Polygalaceae	远志属	*Polygala*	西伯利亚远志	*P. sibirica*
				远志	*P. tenuifolia*
大戟科	Euphorbiaceae	大戟属	*Euphorbia*	沙生大戟	*E. kozlovii*
				乳浆大戟	*E. esula*
				地锦草	*E. humifusa*
				泽漆	*E. helioscopia*
		地构叶属	*Speranskia*	地构叶	*S. tuberculata*
柽柳科	Tamaricaceae	水柏枝属	*Myricaria*	宽苞水柏枝	*M. bracteata*
				宽叶水柏枝	*M. platyphylla*
		红砂属	*Reaumuria*	红砂	*R. Songarica*
		柽柳属	*Tamarix*	甘蒙柽柳	*T. austromong-olica*
				柽柳	*T. chinensis*
				多枝柽柳	*T. ramosissima*
无患子科	Sapindaceae	文冠果属	*Xanthoceras*	文冠果	*X. sorbifolium*
胡颓子科	Elaeagnaceae	胡颓子属	*Elaeagnus*	沙枣	*E. angustifolia*
		沙棘属	*Hippophae*	沙棘	*H. rhamnoides*
锁阳科	Cynomoriaceae	锁阳属	*Cynomorium*	锁阳	*C. songaricum*
伞形科	Umbelliferae	柴胡属	*Bupleurum*	红柴胡	*B. scorzoneri-folium*
		阿魏属	*Ferula*	沙茴香	*F. bungeana*
报春花科	Primulaceae	海乳草属	*Glaux*	海乳草	*G. maritima*
		点地梅属	*Androsace*	点地梅	*A.umbellata*
				大苞点地梅	*A. maxima*
白花丹科	Plumbaginaceae	补血草属	*Limonium*	二色补血草	*L. bicolor*
				黄花补血草	*L. aureum*
木犀科	Oleaceae	梣属	*Fraxinus*	白蜡树	*F. chinensis*
				水曲柳	*F. mandshurica*
		连翘属	*Forsythia*	连翘	*F. suspensa*
		丁香属	*Syringa*	北京丁香	*S. pekinensis*
夹竹桃科	Apocynaceae	鹅绒藤属	*Cynanchum*	戟叶鹅绒藤（羊角子草）	*C. Cathayense*
				鹅绒藤	*C. chinense*
				地梢瓜	*C. thesioides*

续表

科名	学名	属名	学名	种名	学名
				老瓜头	*C. komarovii*
		白前属	*Vincetoxicum*	华北白前	*V. mongolicum*
		杠柳属	*Periploca*	杠柳	*P. sepium*
旋花科	Convolvulaceae	菟丝子属	*Cuscuta*	菟丝子	*C. chinensis*
		旋花属	*Convolvulus*	银灰旋花	*C. ammannii*
				田旋花	*C. arvensis*
				刺旋花	*C. tragacanthoides*
紫草科	Boraginaceae	琉璃草属	*Cynoglossum*	大果琉璃草	*C. divaricatum*
		紫丹属	*Tournefortia*	砂引草	*T. sibirica*
		鹤虱属	*Lappula*	劲直鹤虱	*L. stricta*
		紫筒草属	*Stenosolenium*	紫筒草	*S. saxatile*
				鹤虱	*L. myosotis*
唇形科	Labiatae	兔唇花属	*Lagochilus*	冬青叶兔唇花	*L. ilicifolius*
		脓疮草属	*Panzeria*	脓疮草	*P. alaschanica*
		莸属	*Caryopteris*	蒙古莸	*C. mongholica*
		青兰属	*Dracocephalum*	香青兰	*D. moldavica*
茄科	Solanaceae	枸杞属	*Lycium*	宁夏枸杞	*L. barbarum*
				枸杞	*L. chinense*
		茄属	*Solanum*	青杞	*S. septemlobum*
				龙葵	*S. nigrum*
		曼陀罗属	*Datura*	曼陀罗	*D. stramonium*
紫葳科	Bignoniaceae	角蒿属	*Incarvillea*	角蒿	*I. sinensis*
列当科	Orobanchaceae	列当属	*Orobanche*	列当	*O. coerulescens*
				黄花列当	*O. pycnostachya*
		地黄属	*Rehmannia*	地黄	*R. glutinosa*
		肉苁蓉属	*Cistanche*	肉苁蓉	*C. deserticola*
				盐生肉苁蓉	*C. salsa*
				沙苁蓉	*C. sinensis*
车前科	Plantaginaceae	车前属	*Plantago*	平车前	*P. depressa*
				小车前（细叶车前）	*P. minuta*
				大车前	*P. asiatica*
玄参科	Scrophulariaceae	醉鱼草属	*Buddleja*	互叶醉鱼草	*B. alternifolia*
菊科	Compositae	亚菊属	*Ajania*	铺散亚菊	*A. khartensis*
				灌木亚菊	*A. fruticulosa*
				细叶亚菊	*A. tenuifolia*
		牛蒡属	*Arctium*	牛蒡	*A. lappa*

续表

科名	学名	属名	学名	种名	学名
		蒿属	*Artemisia*	碱蒿	*A. anethifolia*
				莳萝蒿	*A. anethoides*
				黄花蒿	*A. annua*
				艾蒿	*A. argyi*
				白莎蒿	*A. blepharolepis*
				沙蒿	*A. desertorum*
				冷蒿	*A. frigida*
				野艾蒿	*A. lavandulaefolia*
				蒙古蒿	*A. mongolica*
				黑沙蒿	*A. ordosica*
				猪毛蒿	*A. scoparia*
				大籽蒿	*A. sieversiana*
				圆头蒿	*A. sphaerocephala*
				辽东蒿	*A. verbenacea*
				白莲蒿	*A. gmelinii*
		鬼针草属	*Bidens*	小花鬼针草	*B. parviflora*
		飞廉属	*Carduus*	飞廉	*C. nutans*
		蓟属	*Cirsium*	刺儿菜	*C. arvense* var. *integrifolium*
				大蓟	*C. spicatum*
		蓝刺头属	*Echinops*	砂蓝刺头	*E. gmelinii*
		紊蒿属	*Elachanthemum*	紊蒿	*E. intricata*
		紫菀属	*Aster*	阿尔泰狗娃花	*A. altaicus*
		旋覆花属	*Inula*	蓼子朴	*I. salsoloides*
		苦荬菜属	*Ixcris*	中华苦荬菜	*I. chinensis*
		苓菊属	*Jurinea*	蒙疆苓菊	*J. mongolica*
		花花柴属	*Karelinia*	花花柴	*K. caspia*
		莴苣属	*Lactuca*	蒙山莴苣	*L. tatarica*
		栉叶蒿属	*Neopallasia*	栉叶蒿	*N. Pectinata*
		猬菊属	*Olgaea*	火媒草	*O. leucophylla*
		风毛菊属	*Saussurea*	盐地风毛菊	*S. salsa*
				风毛菊	*S. japonica*
				草地风毛菊	*S. amara*
		鸦葱属	*Takhtajaniantha*	拐轴鸦葱（叉枝鸦葱）	*T. divaricata*
		苦苣菜属	*Sonchus*	苣荬菜	*S. wightianus*
				苦苣菜	*S. oleraceus*

续表

科名	学名	属名	学名	种名	学名
		蒲公英属	*Taraxacum*	多裂蒲公英	*T. dissectum*
				蒲公英	*T. mongolicum*
		还阳参属	*Crepis*	北方还阳参	*C. crocea*
		苍耳属	*Xanthium*	苍耳	*X. strumarium*
水麦冬科	Juncaginaceae	水麦冬属	*Triglochin*	海韭菜	*T. maritimum*
禾本科	Gramineae	芨芨草属	*Achnatherum*	芨芨草	*A. splendens*
		冰草属	*Agropyron*	沙芦草	*A. mongolicum*
				冰草	*A. cristatum*
				沙生冰草	*A. desertorum*
		早熟禾属	*Poa Linn.*	硬质早熟禾	*P. sphondylodes*
		獐毛属	*Aeluropus*	小獐毛	*A. pungens*
		三芒草属	*Aristida*	三芒草	*A. adscensionis*
		燕麦属	*Avena*	野燕麦	*A. fatua*
		拂子茅属	*Calamagrostis*	拂子茅	*C. epigejos*
				假苇拂子茅	*C. pseudophrag-mites*
		虎尾草属	*Chloris*	虎尾草	*C. virgata*
		隐子草属	*Cleistogenes*	细弱隐子草	*C. gracilis*
				无芒隐子草	*C. songorica*
				糙隐子草	*C. squarrosa*
		稗属	*Echinochloa*	稗（稗子）	*E. crusgalli*
		披碱草属	*Elymus*	披碱草	*E. dahuricus*
		画眉草属	*Eragrostis*	小画眉草	*E. minor*
		大麦属	*Hordeum*	大麦	*H. vulgare*
		赖草属	*Leymus*	赖草	*L. secalinus*
		冠芒草属	*Enneapogon*	冠芒草	*P. brachysta-chyum*
		黍属	*Panicum*	稷	*P. miliaceum*
		狼尾草属	*Pennisetum*	白草	*P. flaccidum*
		芦苇属	*Phragmites*	芦苇	*P. australis*
		沙鞭属	*Psammochloa*	沙鞭	*P. villosa*
		细柄茅属	*Ptilagrostis*	双叉细柄茅	*P. dichotoma*
		碱茅属	*Puccinellia*	碱茅	*P. distans*
		狗尾草属	*Setaria*	狗尾草	*S. viridis*
				断穗狗尾草	*S.arenaria*
		针茅属	*Stipa*	短花针茅	*S. breviflora*
				沙生针茅	*S. glareosa*
				镰芒针茅	*S. caucasica*

续表

科名	学名	属名	学名	种名	学名
				戈壁针茅	*S. tianschanica* var. *Gobica*
		黄花茅属	*Anthoxanthum*	光稃茅香	*A. glabrum*
		锋芒草属	*Tragus*	锋芒草	*T. mongolorum*
		草沙蚕属	*Tripogon*	中华草沙蚕	*T. chinensis*
莎草科	Cyperaceae	薹草属	*Carex*	卵穗薹草	*C. ovatispiculata*
				异穗薹草	*C. heterostachya*
				中亚薹草	*C. duriuscula*
石蒜科	Amaryllidaceac	葱属	*Allium*	蒙古韭(沙葱)	*A. mongolicum*
				多根葱	*A. Polyrrhi-zum*
				细叶韭	*A. tenuissimum*
				薤白	*A. macrostemon*
天门冬科	Asparagaceac	天门冬属	*Asparagus*	戈壁天门冬	*A. gobicus*
鸢尾科	Iridaceae	鸢尾属	*Iris*	大苞鸢尾	*I. bungei*
				马蔺	*I. lactea*
				细叶鸢尾	*I. tenuifolia*
伞形科	Apiaceae	阿魏属	*Ferula*	硬阿魏	*F. bungeana*
锦葵科	Malvaceae	锦葵属	*Malva*	圆叶锦葵	*A. M.pusilla*
		蜀葵属	*Althaea*	蜀葵	*A. rosea*
		木槿属	*Hibiscus*	野西瓜苗	*H. trionum*